一花一草
慢调时光

邂逅花草茶

[英] Paula Grainger
Karen Sullivan 著
曾 亮 译

中国轻工业出版社

目　录

初识

几千年来，药草因其药用价值而被广泛应用于身心健康的治疗，使人健康和幸福。多年来，大量的研究证实了它们的药用价值。例如，圣约翰草（一种多年生草本植物，分布于整个美国和加拿大的部分地区，主要用于抗抑郁和治疗失眠，且具有利尿、治疗胃炎等功效）已被成功地用于治疗抑郁症，紫锥菊已被证实可以预防和治疗流感和普通感冒，生姜可缓解恶心、消化不良和晕动病，而薄荷则被临床证实可以缓解肠易激综合征［IBS；以腹痛、腹胀、排便习惯和（或）大便性状改变为临床表现的肠道功能紊乱性疾病］的症状。许多植物成分经合成可制得现代药物，如吗啡（来自罂粟）、地高辛（来自毛地黄，用于治疗心脏病）和阿司匹林（来自白柳树皮）。

药草不仅有很强的治疗功效，而且还含有丰富的营养成分，这些成分有助于预防疾病、促进身体的健康。许多药草都是通过增强器官和生理系统（如消化系统或免疫系统）的功能，从而对身体产生特定的作用，或促进身体的自然愈合。当药草强化身体功能后，身体由此获得抵抗疾病的能力。

调制花草茶的方法多种多样，且都是快速和简单易行的。此外，享用花草茶是一种舒缓且复元的生活方式，而且可以从中体验到生命的力量。最美妙的是，可以使用采摘的新鲜药草和鲜花配以储藏的香料，以最小的成本调制出可口的花草茶饮。

端上制成的热茶、冷冻茶或加冰块、冰棒的茶（年轻人更为喜爱），便可以啜饮上一天。花草茶可通过独特的调制方法来应对特定的身体状况，或者改善亚健康状态，比如，由于睡眠不足或者不良的饮食习惯造成的疾病。花草茶助于复元的效用不可低估，有些效用能快速有效地解决常见的症状，如咳嗽、喉咙痛、失眠、腹部绞痛和膀胱炎等，长期坚持能解决更深层次的问题，如血糖和激素失调、关节炎和其他炎症性疾病、慢性疼痛和湿疹、牛皮癣等皮肤病。

最重要的是，许多药草对情绪健康的影响也很明显，如能缓解焦虑、抑郁、睡眠问题、情绪波动、压力大，在痴呆、注意力涣散、记忆力不佳等问题的情况下，甚至有助于改善大脑的整体功能。

本书展示了大量美味、诱人的茶方，旨在预防和改善几十种常见的健康问题。把丰富的花草进行混合搭配后调饮，啜饮每一口都将滋养无比。

在“净化排毒茶”中，将讲述花草茶净化体内毒素，改善消化系统、肝脏、肾脏以及皮肤的功用。一些消化问题会阻碍身体对食物营养的吸收，导致产生影响生活质量的不良症状。

在“消化营养茶”中，将介绍一些奇妙花草茶的搭配，它们具有滋润和保养作用，饮用之后，人体病症消失，变得更加富有活力。

忙碌的生活方式使身体的每个细胞都充满压力，为了确保身体机能处于最佳状态，不时地释放你的能量是必不可少的。早晨，你是否需要采取一些刺激措施，或许仅需一款特定的花草茶，就可助于运动后的放松，或提高记忆力以帮助备考，减轻慢性疼痛或应付生活中新的挑战，在“激情活力茶”中，你所期望的美妙体验都能如你所愿。

“平和静心茶”同等重要。你将在这一部分感受到深度的放松和内心的平和，在面临压力和疾病的时候，研习这些茶饮，会使你变得坚韧，并能解决焦虑、压力、头痛和低质量睡眠等问题。在休息时能彻底放松，无疑会使你更有能力去面对眼前的挑战。此外，你会感受到：如果内心舒畅，那么身体状况也会因此而改善。

“强身健体茶”是体现保健功效的一部分，其中的滋补花草茶不仅可以调节免疫系统和其他任何受疾病影响的系统的功能，而且还能缓解病症和激发身体自然愈合的能力。在冬季或极其劳累的时候，这些舒缓、滋养的茶饮会使你感到放松、精力充沛、精神饱满——无论你的身体需要什么来支撑你的防卫系统以保持最佳状态。

当身体健康、心境平和时，才有机会享受丰富多彩的人生。在“幸福快乐茶”中，那些芳香四溢、令人振奋的花草茶有助于身体健康。如果两性关系以及性生活质量需要更加和谐，摆脱阴郁，或者只是需要调整情绪来保持平静、维护安稳的睡眠，或者提升每一天的满足感和愉悦感，那么这一部分就是为你而准备的。

“星辰茶品”中介绍了一些富有营养的牛奶、蜂蜜和鲜香味十足的食物，这些食材本就利于健康，把它们和茶搭配更能提升茶的功效。

本书的末尾列出了实用的茶饮花草清单，其中写明了主要治疗功效和可能产生的禁忌作用。通过此清单，可以根据自己的身体状况和需要，进行自由搭配，或者仅仅是用来了解一些奇妙的药草。

通过阅读这本精美的书，希望您能享用其中诱人的花草茶。调制花草茶既简单又实惠，饮用花草茶既愉悦又有益。静坐下来，啜一小口，让身心感受不适的消失，健康和幸福的满溢。

愉快的啜饮之旅现在开始！

准备

此书介绍了调制滋养保健花草茶的不同方法。药草种类不同，调制上也有差异，如木质化的药草需要切碎、再煮沸或煎煮，而柔嫩的药草和花朵只需要放入温水中便可释放其精华。这部分内容将介绍获取花草茶精华的最简单方法。

器材

调制美味且健康的花草茶不需要大量的设备，而且有些设备很常见。恰到好处的设备才有助于调制好的花草茶，因此以下这些特殊的设备值得考虑选购。

在本书介绍的花草茶调制中，您将用到以下设备：

- **大茶壶**——一个能显示出花草茶真实颜色的玻璃壶
- **无柄茶壶**——内置过滤器，非常便于花草茶的冲泡，也容易清洗。
- **滤茶器**
- **中型过滤器**
- **研钵**——既大又重的研钵效果更好。
- **香料和咖啡研磨机**——如果使用咖啡研磨机，药草研磨后可很好地去除咖啡混杂的味道。最后放入几汤匙普通的干米研磨，再把磨床清洗干净即可。
- **量杯（1升）**——最好是玻璃杯。
- **大玻璃杯或陶瓷壶**——用于调制冰茶 。
- **量度勺**
- **茶包或茶叶袋**——尽量使茶包内的空间足够大，药草浸泡的时候能完全舒展。
- **电热水壶**
- **小平底锅**
- **滤水器**
- **玻璃储存瓶或罐**——用于完好地保存干燥的药草。
- **标签**——便于记住不同罐中的药草。

购置干药草

本书中的所有干药草均可从中药店购得。如果当地有保健食品商店或药草专卖店，也值得去看看，尽量让自己有更多更好的选择，也可咨询那些知识渊博且热衷于花草茶的人。

尽管干燥的药草较易保存，但随着时间的推移，品质也会逐渐下降，特别是将它们放在温度较高、湿度较大或强光环境下储存时，都将导致部分药用特性和风味的散失。在购买干药草时，应先通过感官来判断新鲜度。花叶色泽光润为佳；种子、根部和皮层摸起来坚硬为好。也可用嗅觉闻一闻——药草的气味应该清新怡人，如果闻到霉味或“更糟的气味”，那就应另寻他家。

大多数药草都是装在纸袋或塑料袋中出售

的，所以一旦购买，回家后要尽快将药草放入带有盖子的广口瓶或罐子中。当货架上摆满装有不同干药草的透明玻璃罐时，看起来确实非常漂亮，但是如不能在短时间内使用完，那么存放在透明玻璃罐中的药草会受光而损坏，所以最好将药草存放在橱柜里，或者深色的玻璃瓶或罐里，而且要避免在高温下储存。记得在药草罐上贴上标签——可能自认为能很好地区分并记住所有药草，但事实上即使最有经验的草药师也会有弄混的时候。

常用药草

药草种类非常丰富，可以根据它们的味道和药用价值进行选择，但面对如此丰富的药草，一开始可能不知所措。下面介绍的关于药草的选择方法可以抵得上一个经验丰富的草药药剂师。如果您缺少茶方中的某些药草也不必担心，尽可把它省去，或者加入其他药草代替。

基本药草包括：

- 金盏花
- 洋甘菊
- 肉桂棒
- 紫锥菊
- 接骨木
- 柠檬香蜂草
- 椴树花
- 甘草（切碎）
- 绣线菊
- 薄荷
- 鼠尾草
- 黄芩

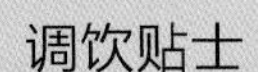

调饮贴士

新鲜的姜根和柠檬应放入冰箱保存，加入花草茶中可增添风味。添加蜂蜜能增加茶的甜度，如果选择添加麦卢卡蜂蜜，它将带来很多的益处（如抗菌）。

获取新鲜药草

自家种植

茶汤中加入新鲜的药草，茶的味道和芳香会更明显，此外药草也可作为漂亮的辅料。即使没有一片能种植新鲜药草的花园，但药草种植其实不需要很大的空间——一个窗沿或阳光充足的窗台就足够了，仅需给植物施肥和浇水。柠檬香蜂草、薄荷、鼠尾草和百里香都是很容易成活的草本植物，只要适时进行修剪，它们会不断抽新芽，长得郁郁葱葱，回赠源源不断的新鲜绿叶。

野生工艺

从野外或公共场所采集药草的做法称为野生工艺。在备好竹篮和剪刀前，以下注意事项需要先有清晰的认识，但也不要因此而失去主动采集药草的信心——边采集药草边散步是极为美妙的感受，此外，孩子们也能从自己动手的过程中获得乐趣，同时还能培养孩子探索大自然的爱好。

- 正确识别植物是十分重要的！选定药草范围，并在网上查找想要采集的药草的图片及其描述。可与当地的草药药剂师联系，看他们是否能提供当地的药草采集区。这是一种从专家的角度去学会识别周围药用植物的方法。最好带上相机，仔细地拍下遇到的每种药草，以备将来参考。
- 关于公共用地的药草采摘，通常都有相关规定，所以首先要熟悉采摘区的规范。
- 野外的许多植物濒临灭绝，应遵守相关规定。一般情况下，不要破坏药草的根或树皮，否则会损伤植物。此外，在一个区域采摘的花或叶应限制在总量的10%以内。如果不确定某种植物是否濒临灭绝，那么在采摘前最好先进行调查，不要采摘任何被公认为罕见的植物。
- 为避免药草遭到污染物、杀虫剂或其他有害物质的污染，不要在熙来攘往的道路边采摘药草，可先进行调查以确保该地区以前没有受到过工业污染。此外，还要避开非有机农田，也许那里看起来完全纯天然，但可能会有农药和化肥的残留物。当采集缓慢生长的药草时还应避开遛狗之地。

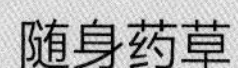

随身药草

为什么不选择一些喜欢的茶方多配制些备在身边？只需按照茶方放大，如10倍，然后储存在标签罐或锡罐中即可。记住，在使用含有较重的根和种子的茶方时应先加以搅拌。

干燥茶用药草

叶片与花的干燥

在生长季过后，收获药草是令人愉悦的。自家种植药草的干燥很容易，干燥的药草能在寒冷的冬季里散发夏季时的芬芳。一排排捆好的药草，挂起来晾干时，看起来很舒服，但最好还是将药草放入干净的棕色纸袋里再挂起来，以免从旁边走过的时候误将干燥的药草撞碎散落，还可避免受灰尘的污染和昆虫的侵害。

尽量在晴天采摘药草，因为干燥过程中哪怕少量的水分也会使药草变质。如果一定要在潮湿天气采摘，那么采摘后应在厨房用纸上将它们铺成薄薄的一层，彻夜加热，直到它们变干。早晨是采摘药用芳香植物的最佳时间，否则炎热的天气会使其内含精油蒸发。而金盏菊和洋甘菊等花用植物，在开花时剪掉部分花朵，可以刺激开花，从而使收获的花朵更多。叶用草本植物如柠檬香蜂草和薄荷，在鲜花初绽的时候，是收获整个顶部的最佳时间，而叶片则可以在任意时间段采摘。

如果正在采集植物的茎部，如薰衣草、薄荷、柠檬香蜂草或欧蓍草，只要把茎尽可能地剪短，然后捆成茎束（直径3～4厘米），放在一个刚好包住另一头的宽敞纸袋里，让茎的一小部分留在开口外，用橡皮筋把袋子和茎紧紧地绑住即可。接着就可以把药草挂在温暖干燥的地方（通风橱就是很理想的场所）。当茎变干收缩时，橡皮筋也将变紧，这样袋子就不会滑落。

如果正在采摘花朵、嫩枝、叶片或种子，只需把它们放进纸袋里，确保留出足够的空间即可。然后用绳子或橡皮筋把袋子顶部绑起来，然后可挂起来晾干。用拇指和食指揉搓叶片和花，如果一揉就碎，表明已干燥完全。剥掉长茎上的叶片，轻轻地挤压大叶片，以便能把它们放进瓶子里。但是尽量保持药草完好无损，其暴露在空气中的表面积越少，它们就越新鲜。

根部的干燥

根系的最佳收获时间是深秋或冬季，当植物将能量输送到根部储存时，它们的效用是最强的。带上一把锋利的铁锹，穿上结实的靴子，然后绕着植物挖出尽可能多的根。如果想保留一些根使其来年重生，这时可进行分根（可以用铁锹或旧水果刀），重新种植健壮的且有可见芽的根块，添加优质的堆肥，并在种植孔进行施肥，浇水。

尽可能多地去除需要干燥的根系上的土壤。可以把根系放入一桶水中来回晃动几次，多换几次水，直到所有根系都清洗干净为止。软毛刷和硬毛刷可以去除较难处理的泥，但要把所有的泥都完全清除得非常干净也不太可能。一旦根系基本被清理干净，就将它们铺放在温暖干燥的报纸上。在根基本快干的时候，就尽可能地把它们切碎。大多数根在变干之后非常粗糙和坚硬，所以最好在完全变干前将它们切成适宜的大小。

木质化程度高的根系需要稍微加热才能完全干燥。如果家里有干燥机，只需按照说明书操作即可。如果没有干燥机，可把烘箱调至最低挡位，把根在托盘上铺成单层，微微敞开烘箱的门。让它们在烘箱内烘6～8小时，定时检查，以确保根系不会因过于干燥而着火。这是一项需整天待在家的任务，干燥时无人照看会很危险。一旦根系完全干燥（此时应该易折断而非变形弯曲），可像其他干燥的药草一样，将它们储存在一个贴好标签的瓶子或罐子里。

研磨和粉化药草

许多药草可研磨成粉使用，如再与沙冰（是由鲜果与冰淇淋或酸奶或纯奶组成的醇滑饮品）或蜂蜜混合就非常棒。然而，一种药草切得越小，暴露在空气中的表面积就越大，效用退化就越快。所以最好在临用前，再快速地把坚硬的药草或香料切碎成小块，既利于活性成分的释放，又便于煎煮。因此，值得考虑购买一套研钵或香料研磨机，主要目的不在于研制粉末，而是把药草碎成小块。如果没有研钵或研磨机，也可以临时把药草放入一个密封宽敞的塑料袋里，用擀面杖把它们粉碎成小块。

花草茶的调制

花草茶有两种主要的调制方法，其目的都是将药草中的风味成分和药用成分提取到水中，并且在大部分情况下，加热可以促进这一过程。

浸泡

娇嫩的叶片和花朵需要有适当的热量才能使其活性成分释放入水中，对于薄荷、迷迭香、洋甘菊和百里香等芳香草本植物来说尤其如此。但它们富含精油，长时间加热会使精油蒸发而散失。因此保留其药用植物味道、香气和药用价值最好的方法是简单的浸泡。将热水（而非开水）倒在药草上，浸泡至茶方中规定的时间即可。

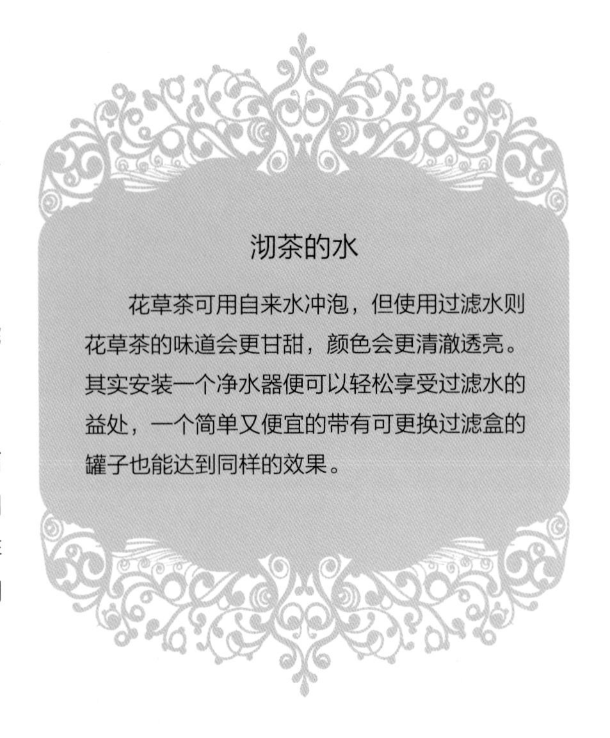

沏茶的水

花草茶可用自来水冲泡，但使用过滤水则花草茶的味道会更甘甜，颜色会更清澈透亮。其实安装一个净水器便可以轻松享受过滤水的益处，一个简单又便宜的带有可更换过滤盒的罐子也能达到同样的效果。

煎煮

根系、皮层和种子通常较坚硬，这意味着它们需要更长时间的浸泡和额外加热方可。调饮此类药草最好的方法是煎煮或在水中慢火煨炖。将药草和水一并倒入小平底锅中，用中火慢慢烧开，然后盖上锅盖以减少散热，用文火炖至茶方中规定的时间。如果茶方中含有芳香味的药草，其芳香物质可能会因长时间加热而损耗，通常可待平底锅中的汤汁沸腾后，再将此类药草加入锅中。

DIY混合茶

一旦品啜过本书中使用的各种药草，并体验过它们的药用价值后，你可能会想要自己调制花草茶。下面介绍一种调制花草茶的简单模板，这样制成的花草茶既有助于健康，又能提升幸福感。

首先，从一种活性成分开始——换句话说，从一种对身体有直接影响的药草开始。比如，如果你感到阵阵发冷，可以选择紫锥菊或穿心莲，接下来，再选择一种有修复作用的药草，例如可以选用欧白芷，它一直以来用于退烧、治疗咳嗽和感冒，或者选用可清除黏液的偃麦草，以及能消除黏液的药蜀葵。药草混合后可协同其他成分共同起到积极作用。可以选择温和的姜根、丁香，甚至是舒缓的薰衣草，或者类似甘菊的东西，用来放松身体和大脑，改善睡眠，促进身体康复。花草茶调制总结为3：2：1原则，即三份活性药草成分、两份辅助药草成分、一份抚慰药草成分。

沏茶的器具

茶壶是浸泡花草茶的好器具——它有足够的空间使茶汁充分浸出，而且壶盖还可以防止沁人心脾的精油的散失。内置过滤器和带盖的茶壶，还可提供一种快速简便泡制美味花草茶的方式。

花草茶中加入柠檬、蜂蜜或肉桂来增甜或调味，便可拥有一款量身定制的混合花草茶。

花草茶作礼物之用

书中的许多茶方都可制作成礼物送人。选择一个好看的罐子，装满混合好的花草茶原料，再贴上一个漂亮的标签，在上面写清楚组分名称和使用方法。还可以附赠一个茶杯、马克杯或茶壶，以使礼物更为特别。孩子们喜欢拼配花草茶，喜欢装饰茶罐和制作标签，所以尽量让他们参与到礼物的制作过程中。此外，孩子们可能喜欢用陶瓷颜料来装饰茶壶和杯子，可以把上好色的茶壶或杯子放在一个篮子或盒子里，然后将自制的花草茶置于旁边——多么独具匠心的一份礼物。

药草可以是花、树或其他植物的任何部分——所以可以使用花朵、叶片、嫩枝、花蕾、果实、根系、种子甚至植物树脂调制花草茶。越新鲜、越是刚采摘的药草，其品质越好。干药草更容易保存，但它的活性成分大约只是新鲜药草的三分之一。

花草茶并非传统茶，而是一种用叶子、浆果、种子、花、树皮或根泡制而成的有一定功效的汤液，其精华用开水浸泡而得。花草茶在英语里被称为“herbal tea”，在法语里被称为“tisane”。

在寒冷的冬季，用一杯热花草茶抚慰人心足矣。或者，当天气燥热或脾气火爆的时候，一杯新鲜冰镇的花草茶，可以使人静下心来。独自品茶，或者与朋友、家人同饮共享，以自然之道来提升精气神儿。

在花草茶中加入柠檬汁不仅可以提高其抗氧化作用，而且有助于强化肝脏功能，加快排毒，促进消化。此外，柠檬还可以减弱茶的苦味，尤其是对那些浸泡过久的茶。

几乎所有的药草都有一定程度的排毒功效，并通过改善消化功能，清除体内毒素，使人体器官处于最佳的工作状态。当你感到懈怠、疲惫、精神不振时，或许一杯花草茶就能让你重新振作起来。

Part 1

净化排毒茶

获得健康和幸福，最有效的方式就是保护好清除毒素的身体器官。营养丰富且含有多种药草的花草茶，可以温和地帮助身体排毒，提升活力，调节激素，保持健康的肌肤，促进消化，增强人体免疫力。

晨间清爽茶（Morning Cleanse）

每天早晨喝一杯此款花草茶，能激活消化系统和淋巴系统，帮助清除体内废物。它能很好地消除倦怠，驱散昏昏欲睡的状态。而且，此款花草茶简单易做！

调制1超大杯所用原料：

1根欧芹

1/2茶匙蒲公英干叶或3～4片鲜叶

2片柠檬

1厘米新鲜姜根段（去皮，且大致切碎）

调制步骤：

① 轻轻撕碎新鲜叶片，并与其他配料一起放进一只大杯子中。

② 将一壶过滤水几近烧开，然后倒入杯中，加满即可。

调茶贴士

新鲜的药草在制成的花草茶汤中会极为诱人，而且容易采集。例如，随处生长的蒲公英，尽管它有很好的药用价值，却常被认为是杂草。下次碰见蒲公英时，何不采摘一些叶片来调制此款可提神的茶呢？

抗氧化果茶（Fruity Antioxidant Burst）

维生素C有排毒作用，浆果中的红色和黑色花青素中富含抗氧化剂，此款风味茶可以调节免疫系统，减少炎症，清除自由基对身体的危害。

调制1咖啡杯所用原料：

300毫升过滤水
2茶匙干的接骨木果
1茶匙干的越橘
1茶匙干的芙蓉花
1茶匙干的山楂果
1/2茶匙细碎的橘皮
柠檬（榨汁）
蜂蜜（调味用）

调制步骤：

① 将量好的水倒进一个小炖锅中，几近烧开。
② 把干的浆果、花和橘皮放进去，然后将火势调至最小，盖上盖子。
③ 慢炖5分钟，直到浆果变软，开始胀裂。
④ 把炖好的花草汁过滤到杯中，用勺子的背面尽可能多地挤压出汁液。
⑤ 加一点柠檬汁，品尝，感受一下新鲜的柑橘和维生素C与味蕾的触碰，还可加一点蜂蜜增甜。

调茶贴士

把制成的茶放在冰盘里冷冻，或可加入冰块减弱风味。为使它喝起来更凉爽，除加冰外，还可另加一片新鲜的薄荷。

光洁肌肤茶（Bright and Clear Skin）

俗话说，每天一杯猪殃殃茶，可拥有别人无法抗拒的美！此款清爽的茶能清洁、滋养肌肤，并辅以有助于排除毒素的荨麻、金盏花和牛蒡，能令肌肤更加光洁。

调制2马克杯所用原料：

2茶匙干的猪殃殃
1茶匙干的荨麻叶
1茶匙干的金盏花
1/2茶匙干碎的牛蒡根
1/4茶匙干碎的橘皮

调制步骤：

① 将药草放进温热的茶壶里。
② 将一壶过滤水几近烧开，然后倒进600毫升茶壶中，盖上茶壶盖。
③ 静置5～6分钟，最后过滤进2只杯中即可。

调茶贴士

收获猪殃殃时，要选在天气干燥的日子进行采摘。摘下整个茎后悬挂在纸袋中，放在凉爽干燥的地方直到药草足够干燥，此时手指能轻易将其搓碎。可将猪殃殃存放到一个罐子里，即可满足全身肌肤享受清爽之用。

肌肤修复茶（Skin fix）

如果皮肤容易出痘痘，饮用这款茶将大有裨益。这些药草可通过清除肝脏和淋巴系统中的淤血来达到清洁皮肤的作用，使肌肤干净如获重生。另外，加入少许麦卢卡蜂蜜，既可使茶变甜，又有抗菌作用。

调制2咖啡杯所用原料：

1茶匙干的变色鸢尾
1茶匙干的菝葜
1/2茶匙干的金盏花
1茶匙干的红三叶草花
1/2茶匙干的玄参
麦卢卡蜂蜜（调味用，自选）

调制步骤：

① 将干燥的药草放进温热的茶壶里。
② 将一壶过滤水几近烧开，然后倒500毫升于茶壶中，盖上茶壶盖。
③ 浸泡10分钟，最后过滤进2只杯中，如果需要的话，可加一些蜂蜜。

肝脏保健茶（Tea for Liver Care）

毋庸置疑，肝脏作为身体的动力室，对身体的作用极为重要，如帮助调节激素、调节体温、促进消化和净化身体。奶蓟种子能修复细胞，蒲公英和俄勒冈葡萄根能激发肝脏活力，五味子浆果有强化肝脏功能的作用。将这些药草混合调制花草茶来滋养回赠肝脏，真是美味至极！

调制2马克杯所用原料：

2茶匙奶蓟种子
2茶匙干碎的蒲公英根
2茶匙干的五味子
1茶匙干碎的俄勒冈葡萄根
750毫升过滤水
2片柠檬

调制步骤：

① 使用研钵或干净的香料研磨机，把种子、根和浆果研碎。
② 把药草倒进小炖锅里，加入量好的水。煮开后减小火势慢炖。
③ 让所有药草微煮10分钟后去浮沫，然后关火，静置5分钟。
④ 过滤到2只杯中，用柠檬片装饰即可。

调茶贴士

为释放柠檬的活性成分，可在即将煮好的最后一分钟加入柠檬片。柠檬具有保护肝脏的作用。

布枯叶补肾茶（Bladder Bliss）

布枯叶有一种极好的黑醋栗香味，在南非被用于保护膀胱和肾脏。布枯叶与抗感染的熊果，有镇静作用的药蜀葵、玉米须和利尿药草混合，有助于发炎膀胱的消炎。此款茶可以直接饮用，也可与不加糖的蔓越莓汁混合饮用。

调制1升所用原料：

3茶匙干的布枯叶
2茶匙干的秋麒麟草
2茶匙干的熊果
2茶匙干碎的药蜀葵根
1茶匙干的茅草
1茶匙干的柠檬香蜂草
1茶匙干的玉米须

调制步骤：

① 将药草放进一个大茶壶或耐热玻璃罐中。
② 将一壶过滤水几近烧开，然后倒1升水于药草上。
③ 浸泡5～10分钟，过滤。
④ 趁热饮用，然后将剩下的茶汤晾凉后倒进一个玻璃瓶中，可在冰箱中存放两天。

调茶贴士

当膀胱被感染时，大量饮用此款花草茶可柔和地冲洗尿道。饮用此款茶既是一种美味的享受，又有益于身体健康。可按照此茶方一次调制大量茶饮，每天品饮，效果更佳。

茴香养颜茶（Clean Seeds Tea）

茴香、葫芦巴、芹菜和八角的种子能调节血糖、清洁身体。添加温补的生姜和肉桂更是具有抗炎和抗菌作用。近期研究表明，肉桂可以降低血糖水平，且有助于预防2型糖尿病。

调制1马克杯所用原料:

1 1/2茶匙的茴香籽
1/2茶匙芹菜籽
1/4茶匙胡芦巴籽
1茶匙干碎的姜或1厘米长的新鲜姜段（去皮，切碎）
1/2茶匙八角
1/4茶匙肉桂粉或干的切片
柠檬片（点缀用）

调制步骤:

① 将所有原料（除了用作装饰的柠檬片）都放进温热的茶壶中。
② 将一壶过滤水几近烧开，然后倒350毫升于药草壶中，盖上茶壶盖。
③ 浸泡。种子浸出活性成分需花费比干燥叶更长的时间，所以最好让其浸泡10～15分钟。
④ 最后滤进杯中，再放入柠檬片即可。

药草贴士

茴香是一种多用途香料，含有丰富的维生素和矿物质，具有优异的抗氧化性能。它对维护消化系统和缓解腹胀尤其有效。随身携带一小袋茴香籽，在餐后吃一点，可促进消化和清新口气。

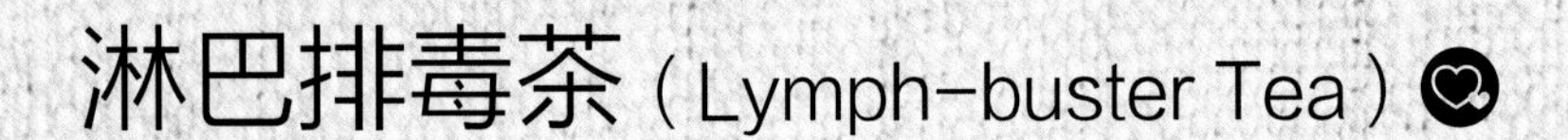

淋巴排毒茶（Lymph-buster Tea）

淋巴系统是免疫系统的重要组成部分，当它超负荷工作时，比如说，在面临疾病或压力时，会导致身体感觉迟钝和臃肿。此款茶用于增强淋巴系统功能。金银花和猪殃殃能轻微激活淋巴系统，蒲公英叶和马尾草能作为利尿剂，有助于清除多余的水分，而红三叶草长期以来被用作血液清洁剂。

调制2咖啡杯所用原料：

2茶匙干的蒲公英叶
2茶匙干的金盏花
1茶匙干的猪殃殃
1茶匙干的马尾草
3～4块干的或新鲜的红三叶草
蜂蜜（调味用，自选）

调制步骤：

① 将药草放在温热的茶壶里。
② 将一壶过滤水几近烧开，然后倒600毫升水至药草壶中。
③ 浸泡10分钟，然后过滤到2只杯中，直接享用，或者加点蜂蜜搅拌后饮用。

药草贴士

红三叶草有助于改善血液循环，使血液富氧，使肌肤焕发光彩。

绿叶净体茶（Leafy Green Clean Tea）

一束叶片能清洁和滋养身体，此款芳香美味的花草茶可使人温暖欣喜——尤其是在需要排毒的冬季或在身体受到刺激的时候。利尿、滋补和抗炎的荨麻是此款茶中的重要组分，其与抗衰老的黑莓叶、树莓叶、药用性的柠檬马鞭草和营养丰富的牛至进行搭配效果极佳，此外，绿薄荷不仅有助于缓解压力和紧张情绪，而且是一种具有抗真菌性的消化滋补品。

调制2咖啡杯所用原料：

1/2茶匙干的黑莓叶或3～4片鲜叶，撕碎
1/2茶匙干的荨麻叶
1/2茶匙干的柠檬马鞭草
1/2茶匙干的树莓叶
1/4茶匙干的牛至
1/4茶匙干的绿薄荷
1/4茶匙干的仙鹤草
每杯2枝薄荷枝（装饰用）

调制步骤：

① 把各类叶片混合均匀后，放进一只温热的茶壶里。
② 将一壶过滤水几近烧开，然后将450毫升的水倒进混合叶片中。
③ 浸泡3～5分钟，然后过滤到2只杯中。再配上新鲜薄荷枝即可。

调茶贴士

新鲜的薄荷叶，一年四季都可用作可爱的装饰物。为了在冬天能享用它们，可在秋天挖一小株薄荷，移栽到有肥沃堆肥的盆栽里。把盆栽放在阳光充足的窗台上，但要避免高温。这样可在整个冬季都能采摘到新鲜的薄荷叶。

安神抗疲茶（The Morning After the Night Before）

在一夜的放纵之后，如何恢复身心的平衡与宁静？奶蓟可保护肝脏，荨麻能净化身体，肉桂能调节血糖，药蜀葵根能促进消化，西伯利亚人参能激发活力，柠檬香蜂草可振奋精神。喝上一杯此款复元舒缓的花草茶，会感觉疲惫渐消，活力回归。

调制1马克杯所用原料：

2茶匙奶蓟种子

1茶匙干的荨麻叶

1茶匙干碎的药蜀葵根

1/2茶匙干的西伯利亚人参

1/4茶匙肉桂粉或1/2根肉桂棒

2茶匙干的柠檬香蜂草

1茶匙蜂蜜（自选）

调制步骤：

① 用研钵捣碎奶蓟的种子。

② 将所有的药草（柠檬香蜂草除外）放进一个小锅里，加250毫升的过滤水。

③ 慢慢加热把水烧开，然后立即减小火势煨5分钟。

④ 关火，加入柠檬香蜂草，搅拌均匀。盖上盖子，浸泡5分钟。如果需要，可加入蜂蜜（复合糖有助于进一步调节血糖水平）。

⑤ 过滤到杯中，即可享受随之而来的安宁与幸福。

调茶贴士

几个世纪以来，柠檬香蜂草一直被用于促进睡眠和消化以及维持平静感。柠檬香蜂草茶有提神醒脑的作用，因此可将其制成冷饮。将柠檬香蜂草鲜叶放入热水中浸泡5分钟，然后过滤，汤汁冷却后，倒入冰盘冷冻。冰块常用于调制夏天的舒缓型冷饮。

Part 2

消化营养茶

当消化系统处于良好状态时，人体能从饮食中汲取到最多的营养，并能有效地排出废物，然而当消化系统受阻时，人体会感到疲劳和不适。本部分中富有活力的花草茶不仅有助于使消化系统保持在最佳状态，而且还能缓解人体不适，如恶心、便秘、腹胀、炎症和胃灼热等。

路易波士滋补茶（Nourishing Rooibos Chai）

温润而略感辛辣的印度茶在西方流行起来。在此茶方中，路易波士茶（又名红灌木茶）取代了传统的红茶，是一种富含抗氧化剂和芳香化合物而不含咖啡因的美味饮料。它有助于改善消化功能，使得身体能从食物中获取最大量的营养物质。

调制2马克杯所用原料：

2茶匙干的路易波士

1根肉桂棒，破碎

3粒黑胡椒

4个干的丁香

1茶匙干碎的姜或2厘米新鲜的姜块（去皮，磨碎）

1茶匙香菜籽

3颗小豆蔻（轻轻压碎核仁）

650毫升过滤水

热牛奶或坚果牛奶（调味用）

蜂蜜（调味用，自选）

调制步骤：

① 将所有药草和种子放在一个盛有水的平底锅中。

② 把水几近烧开，然后减小火势，让水微沸。

③ 盖上严实的盖子，让其微沸10分钟。

④ 关火，让茶继续浸泡5分钟，然后过滤到杯中。

⑤ 加一点热牛奶或坚果牛奶，比如杏仁奶（见123页），再加一点蜂蜜，可使花草茶更美味，或者按传统习惯加100毫升热牛奶和1茶匙蜂蜜。

舒肠通便茶（Move It！）

大多数人时常会产生腹部不适和腹胀的便秘症状。临睡前喝杯此款茶，醒来会感觉舒服些。大黄根和牛耳大黄能温和地刺激肠胃蠕动，而痉挛树皮、洋甘菊和香料则有镇痛作用。

调制1马克杯所用原料：

2茶匙干碎的大黄根

1茶匙干碎的牛耳大黄

1茶匙干碎的痉挛树皮

1/4茶匙香菜籽

1/4茶匙八角

1/4茶匙干碎的橘皮

325毫升过滤水

1茶匙干的洋甘菊

调制步骤：

① 将所有配料（洋甘菊除外）放进一个盛有水的小炖锅中。

② 小火将水烧开，然后减小火势慢炖5分钟。

③ 关火，加入洋甘菊。盖上严实的盖子，让其浸泡5分钟。

④ 最后过滤到杯中即可。

药草贴士

如果有便秘的倾向，每周喝1～2次此款花草茶，可有助于摆脱这一烦恼。

肠胃滋补茶（No More Nausea）

恶心是一种症状，但问题并不在于症状本身，所以要追本溯源。此款茶有助于缓解恶心症状，对于偶尔的晕车、孕早期和神经过敏均安全有效。可少量慢酌，直到不适症状消失为止。

调制1咖啡杯所用原料：

1茶匙干的黑夏至草

1厘米新鲜的根姜（去皮，切片）

1茶匙干薄荷或少量鲜叶

调制步骤：

① 把药草放进温热的茶壶里。

② 将一壶过滤水几近烧开，然后倒250毫升水至茶壶中，盖上壶盖。

③ 浸泡5分钟后过滤到杯中。

调茶贴士

不要混淆黑夏至草和用于化痰止咳的有机苦薄荷。

腹泻摆脱茶（Nervous Tummy Tea）

当人面临压力时，会不自觉有去厕所的冲动，这是身体原始应激反应的结果。此款茶可让人集中精力地工作，其中的仙鹤草、山楂叶以及抗痉挛的痉挛树皮均有收敛作用，而绿薄荷、马鞭草和美黄芩有助于神经镇静。

调制1咖啡杯所用原料：

1茶匙干的仙鹤草
1茶匙干山楂叶和花
1茶匙干碎的痉挛树皮
1茶匙干的美黄芩
1/2茶匙干的绿薄荷
1/2茶匙干的马鞭草叶

调制步骤：

① 将所有药草放进一只温热的茶壶里。
② 将一壶过滤水几近烧开，倒250毫升水至茶壶中，盖上壶盖。
③ 浸泡15分钟。过滤到杯中，或者冷却后装入运动瓶或保温瓶中随身携带。

调茶贴士

此款茶需用开水长时间浸泡才能溶出更多的重要成分——单宁（仙鹤草和山楂中能控制腹泻的收敛性成分）。

暖腹茶（Tummy Warmer Tea）

全世界的传统医学界多将消化不良归因于消化系统受寒。此款由药草和香料混合制成的温润茶可促进消化，提高身体汲取食物营养成分的能力。

调制2咖啡杯所用原料：

1茶匙茴香籽
1茶匙干碎的欧白芷
1茶匙干的洋甘菊
2颗小豆蔻
1/2茶匙莳萝籽
1/4茶匙葛缕子
1厘米新鲜的姜根（去皮，切片）
1根肉桂棒（取半）
1块八角茴香

调制步骤：

① 将所有药草（除八角茴香外）放进一只大的热茶壶中。
② 将一壶过滤水几近烧开，倒450毫升水至茶壶中，盖上壶盖。
③ 浸泡15分钟，然后过滤。
④ 稍微冷却后，把茶汤倒进2只保温杯中，加入八角，使其优雅地浮在水面。

药草贴士

八角茴香可给食物和饮料增添一种令人愉快的香味，几百年来，它也被当作中药，用于预防和清除病毒以及抵抗真菌。

润肠茶（Gut Soother）

茶并不是非用开水冲泡才好。事实上，在此款茶中，药草中的黏液（许多植物产生的一种黏稠物质）甚至不需要将水加热就可以在水中溶出，因此，可随意调制冰爽可口的饮品。此款茶可缓解肠炎、过敏性大肠综合征、食物不耐受症。

调制3小玻璃杯所用原料：

1茶匙干碎的药蜀葵根
1茶匙干的车前草
1茶匙甘草粉
1茶匙榆树粉
500毫升过滤水

调制步骤：

① 用研钵把药蜀葵根、车前草和甘草粉大致捣碎（或使用干净的香料研磨机处理）。
② 将研碎的药草和榆树粉一同放进带盖的罐子里，然后加入量好的水。
③ 摇匀后，置于凉爽的地方过夜。
④ 第二天早晨，用带有薄纱衬里的细筛进行过滤。薄纱中无液体流出后，挤压薄纱，尽可能使药草中的液体过滤干净。
⑤ 然后将滤液装进玻璃瓶，放入冰箱，即可保存长达36小时。饭前可小酌一杯。

助消化茶（Digesti-tea）

绣线菊是一种美味、芬芳的药草，也是治疗消化不良的良药。将绣线菊与椴树花、洋甘菊和少量薄荷混合制成花草茶，能有效地减轻胃灼热和调节胃酸。此款花草茶对消化不良极为有用。

调制2咖啡杯所用原料：

2茶匙干的绣线菊
1茶匙干的椴树花
1茶匙干的洋甘菊
1/2茶匙干的薄荷
每杯1片薄荷叶（装饰用）

调制步骤：

① 将所有药草放进一个温热的茶壶里。
② 将一壶过滤水几近烧开，倒600毫升水至茶壶中，盖上壶盖。
③ 浸泡10分钟后，过滤到2只杯中，分别用薄荷叶装饰。

开胃茶（Bitter and Twisted）

在许多国家，调配酒被当作餐前开胃酒来刺激食欲，增加胃液量。而这道调味茶对健康大有益处，可以减少人们酒精的摄入。在餐前饮用时，可加一点苏打水和柠檬汁，调制成自己喜欢的酸味和香味。

调制500毫升所用原料：

1茶匙干艾草

1茶匙干碎的橘皮或新鲜橘皮屑

1/2茶匙干碎的土木香

1/2茶匙干碎的欧白芷

1/2茶匙香菜籽

1/2茶匙干碎的俄勒冈葡萄根

1/4茶匙干的薰衣草花

1/4茶匙干的迷迭香

500毫升过滤水

调制步骤：

① 将配料放进一个小平底锅中。

② 缓慢加热至几近烧开，然后将火势调至最小，加盖慢煮10分钟。

③ 关火，静置，使其完全晾凉。

④ 充分过滤，然后将滤液倒进玻璃瓶中。可在冰箱中储存2～3天。

药草贴士

长期以来，俄勒冈葡萄根用于刺激肝脏中助消化的胆汁的分泌，而且开胃药草、蔬菜沙拉（如膳食中的芝麻菜或菊苣）均有助于促进消化。

餐后茶（Post-prandial Tea）

此款茶是令人垂涎的提神饮料，是餐后极佳的选择，尤其是在进食过多的油腻食物时。这些温和的药草能轻微地减轻腹胀感，使身体感觉更加舒适，此外，还利于睡眠。［高血压者饮前请遵医嘱］

调制2马克杯所用原料:

2茶匙茴香籽
1茶匙干碎的甘草
1/2茶匙干的薄荷
1/2茶匙干的柠檬香蜂草
1粒小豆蔻（轻轻研碎）

调制步骤:

① 将所有药草放进一个温热的茶壶里。
② 将一壶过滤水几近烧开，倒600毫升水至茶壶中，盖上壶盖。
③ 静置5分钟，最后过滤到2只杯中即可。

药草贴士

小豆蔻具有很多保健功效，如减少胃酸，减轻腹胀、便秘和口臭，还有助于降血压。

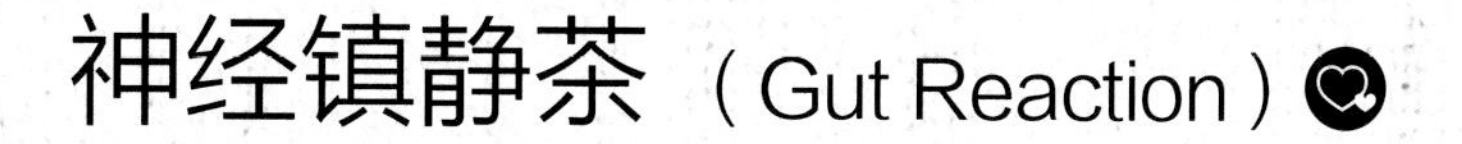

神经镇静茶（Gut Reaction）

很多因素均可引发胃痛和胃炎症，包括食物中毒、胃病、食物耐受不良以及肠易激综合征（IBS）等疾病。由于消化系统中存在大量的神经细胞，因此焦虑和压力也会引发消化问题。此款花草茶不仅含有放松神经系统的药草，还含有四种抗炎成分。［高血压者和生理期女性不宜饮用］

调制2马克杯所用原料：

1茶匙干碎的山药
1茶匙干车前草
1/2茶匙干合欢皮或花
650毫升过滤水
1茶匙干绣线菊
1/2茶匙干碎的甘草
1/2茶匙干柠檬香蜂草
1/2茶匙图尔西（圣罗勒）
蜂蜜（调味用，自选）

调制步骤：

① 将山药、车前草和干合欢放进平底锅中。
② 倒入已量好的水，几近烧开。
③ 关火，并立即放入其他原料。盖上锅盖，浸泡10分钟。
④ 过滤到2只杯中，如果喜欢的话，可加一点蜂蜜调味。

药草贴士

图尔西（又称圣罗勒）是一种用途广泛、广受欢迎的药草。一项研究表明，它有助于调节身体中的可的松（一种紧张激素）水平，还能缓解头痛。每天一杯图尔西茶还有助于调节血糖。

Part 3

激情活力茶

在状态低迷、缺乏活力时，花草茶能激发身体潜能，让人的思想和感觉保持敏锐，并使人的状态达到最佳。无论是想要消除工作一天后的疲倦，或是想在考试、面临压力、生病期间仍能保持活力，抑或想要找回失衡的生活状态，这些具有药用价值的花草茶均能满足你的需求，使你神清气爽、精力充沛、整装待发。

蒲公英醒神茶（Dandelion“Coffee”）

如果你每天早晨都需要喝咖啡来提神，那么可以试试这种有助于保护肝脏和消化系统的醒神茶。茶方中的蒲公英和菊苣内含一种使人愉悦的咖啡般的苦味，茴香、肉桂和甘草则有甜辣味。［高血压人群禁饮此茶］

调制2马克杯所用原料：

2茶匙干的蒲公英根
2茶匙干的菊苣根
1/2茶匙茴香籽
1/2茶匙干碎的甘草
600毫升过滤水
每杯1根肉桂棒（装饰用）

调制步骤：

① 将蒲公英、菊苣、茴香籽和甘草放进一个小平底锅里。
② 加入量好的水，文火加热至几近烧开。煮10分钟。
③ 然后过滤到2只杯中，每杯加入一根肉桂棒进行搅拌。

调茶贴士

干燥的蒲公英根和菊苣根可以现做现买，但不是所有的药草都能临时买到，所以也可以自己动手烘烤。购买已经切好的根，然后把它们在烤箱托盘上铺成薄薄的一层，放进已预热好的烤箱，150摄氏度烤30～40分钟（气压“2挡”），直到颜色完全变成深棕色，期间要经常检查以确保根不被烤焦。取出冷却，储存在密封的玻璃瓶或金属容器中。

记忆提升茶（Memory Boost Tea）

如果你有过四处紧急地寻找钥匙或者站在厨房却忘记自己要做什么的瞬间失忆，那么不妨定期饮用这种助于提升记忆的花草茶，其中许多成分对预防痴呆都有益处。每天一杯，冷热皆宜。需要注意的是，如果正在服用血液稀释类药物，是否添加银杏需遵医嘱。

调制2马克杯所用原料：

1茶匙干的雷公根

1茶匙干的柠檬香蜂草

1茶匙图尔西（圣罗勒）

1茶匙干的银杏叶

1/2茶匙干迷迭香或一小枝新鲜的迷迭香

1/4茶匙干的假马齿苋叶

1厘米大小的姜根（切片）

调制步骤：

① 将药草混合均匀后放进一个温热的茶壶里。

② 将一壶过滤水几近烧开，然后倒600毫升水至茶壶中，盖上壶盖。

③ 静置5分钟，最后过滤到2只杯中即可。

调茶贴士

假马齿苋，也称婆罗米，是阿育吠陀医学（起源于古印度，是世界上最古老的有记载的综合医学体系）中一种流行的药草。研究表明，它有助于促进脑细胞的再生，预防类似阿尔茨海默病的症状。

运动能量茶（Post-exercise Pick-me-up）

此款复元茶适合在锻炼后饮用，可以补充能量、舒缓肌肉、缓解炎症。加入一点姜黄和蜂蜜有助于调节血糖，而“达米阿那”能使人产生一种幸福快感。但摄入大量甘草可能会加剧高血压症状，所以最好避免过量。［对阿司匹林过敏者禁用绣线菊］

调制1咖啡杯所用原料：

1茶匙干的绣线菊
1茶匙干碎的野山药根
1茶匙干的达米阿那叶
1/2茶匙干碎的甘草
1/8茶匙姜黄粉
200毫升过滤水
麦卢卡蜂蜜（调味用，自选）

调制步骤：

① 将所有药草放进一个小锅中，加入过滤水。
② 慢火烧开，然后把火势调至最小，盖上锅盖，煨5分钟。
③ 关火，把茶汤过滤到杯中。如果喜欢，可加入一点蜂蜜调味。

柠檬清爽茶（Liq-a-mint）

坦率地讲，此款鲜美提神茶可在一天中的任何时候享用。薄荷有镇静和提神的作用，而甘草能激发活力，起到补药的作用。这两种药草对身心健康都有积极作用。［高血压人群不宜饮用此茶］

调制1咖啡杯所用原料：

1茶匙薄荷（新鲜的或干燥的）
1茶匙绿薄荷（新鲜的或干燥的）
1/2茶匙干碎的甘草
薄荷叶（装饰用）

调制步骤：

① 将一壶过滤水几近烧开。
② 把药草放入茶包，置于杯中。
③ 倒入大约200毫升的热水，浸泡5分钟，用新鲜薄荷叶装饰后即可饮用。

醒早茶（Get Up and Go Tea）

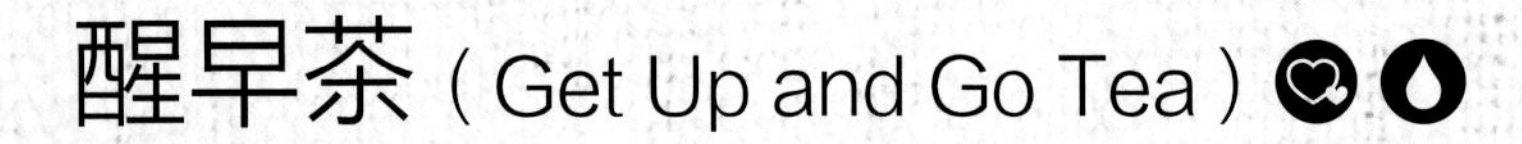

当身体能量需要激活时，可饮用此款提神醒脑的早茶。达米阿那、撒尔沙根和西伯利亚人参能使大脑变得敏锐，而绿薄荷和柠檬草则能唤醒人的感官。

调制1超大杯所用原料：

1茶匙干的达米阿那叶

1茶匙干的撒尔沙根

1茶匙干的西伯利亚人参

1茶匙干柠檬草或2厘米大小新鲜柠檬草（切碎）

1/2茶匙干薄荷

调制步骤：

① 将一壶过滤水几近烧开。

② 把所有药草装进足够大的茶包中，然后置于一只大杯中。

③ 倒入300毫升热水。浸泡10分钟，偶尔搅动水中的茶包。

④ 过滤后即可饮用，冷热皆宜。

调茶贴士

需要倒时差的时候可试试此款茶。在苏联的太空计划中，宇航员就是使用西伯利亚人参来缓解疲劳和增强体力！

健脑益智茶（Study-aid Tea）

许多英国人在上大学以前，他们的背包中就常备这种益脑茶。银杏和迷迭香有促进记忆力的功效，达米阿那和姜能极大地提高专注力，美黄芩能使人保持平静，但值得注意的是，此款花草茶会让大脑飞速运转！［高血压者或服用血液稀释药物者不宜饮用］

调制1马克杯所用原料：

1茶匙干的达米阿那叶

1茶匙干的银杏叶

1/2茶匙干的美黄芩

1/2茶匙干的迷迭香

1/4茶匙干姜或1厘米大小鲜姜（切碎）

调制步骤：

① 把药草放进温热的茶壶里。

② 将一壶过滤水几近烧开，然后倒500毫升水至茶壶中，盖上壶盖。

③ 浸泡5～10分钟，最后过滤至杯中即可，冷热皆宜。

调茶贴士

此款茶适于考试周备考时饮用。如果条件允许，可带一杯此款凉茶进考场，它的香气和味道有助于思维框架的搭建，且更容易让人回忆起所学过的知识。

提神镇静茶（Cool It!）

当气温升高，身体需要一些清爽的东西来降温时，调制此款清新提神、美味可口的凉茶不失为一个选择。除了接骨木花之外，下列所有药草在花园或窗台上都很容易生长和剪摘，以用于酝酿真正美味的茶。

调制2高玻璃杯所用原料：

2茶匙切碎且新鲜的绿薄荷
2茶匙干的或新鲜的接骨木花
1茶匙切碎且新鲜的鼠尾草
1茶匙干碎的紫罗兰叶
少量新鲜的或干燥的薰衣草花
冰块（备用）
每份1片柠檬（装饰用）
每份1枝新鲜的薰衣草（装饰用）

调制步骤：

① 把药草放进温热的茶壶里。
② 将一壶过滤水几近烧开，倒600毫升水至茶壶中，盖上壶盖。
③ 浸泡20分钟后，将茶汤滤入壶中，使其完全晾凉。
④ 随后放进冰箱冷藏，想饮用时取出倒入高玻璃杯中，加入冰块，每份再加一片柠檬和一个新鲜薰衣草小枝调味和装饰。

调茶贴士

此款茶如果冷泡，药草的风味较难释放，所以为了保留清爽的口感，此款茶中药草的使用量应有所增加，且需要延长浸泡时间。如果想冷泡，记住在操作时增加药草的量和延长浸泡时间。

妈宝茶（I'm a Mum Tea）

做妈妈是一件令人兴奋的事，生活有激情才不至于让人精疲力竭！此款茶有益于母子健康，茴香和胡芦巴能增加泌乳量，荨麻含有丰富的矿物质，薄荷有助于消化，并且茴香已被证明能通过哺乳来减轻宝宝的疝气和风寒。如果可以的话，趁宝宝睡觉的时候，可以花几分钟时间，饮用几杯此款花草茶，放松一下身体。

调制1马克杯所用原料：

2茶匙茴香籽
1茶匙胡芦巴籽
1茶匙干的树莓叶
1茶匙干的荨麻叶
1/2茶匙干的薄荷

调制步骤：

① 把药草放进温热的茶壶里。
② 将一壶过滤水几近烧开，然后倒300毫升水至茶壶中，盖上壶盖。
③ 浸泡5～10分钟，最后过滤到杯中即可。

调茶贴士

宝宝刚出生时是妈妈最忙的时候，所以在宝宝出生之前，何不按茶方准备一罐这种花草茶，以备不时之需呢？把此款茶装进一个带有精美装饰的罐子里，还是一种既实用又可爱的婴儿见面礼。记得在罐子上贴一个可爱的标有每种药草名称的标签，并写明需加开水的量。

关节灵动茶（Achey Joint Tea）

此款茶包含一地具有强劲抗炎功效的药草，它们有助于缓解肿胀不适、关节疼痛。蔷薇果和绣线菊使姜黄和柳树皮的强烈风味更加丰腴。[对阿司匹林过敏者不宜饮用此款茶]

调制1马克杯所用原料:

1茶匙干的蔷薇果

1茶匙干的绣线菊

1茶匙干的柳树皮

1茶匙干的钩果草

1/4茶匙姜黄粉

1/4茶匙芹菜种子

300毫升过滤水

蜂蜜（调味用，自选）

调制步骤:

① 将所有药草放进一个盛有水的小平底锅中。

② 把水几近烧开，然后降低火势煨5分钟。

③ 关火，使茶微凉，然后过滤进杯中。如果需要的话，可趁热加一点蜂蜜进行搅拌，增加甜味。

血糖调节茶（Blood Sugar Balancer）

午后精力不济是一种常见现象，这是由于午餐后血糖水平激增引起的。随后，血糖水平直线下降，这会导致易怒、注意力不集中和易疲劳现象。均衡的饮食有益于缓解以上症状，但如果你无法抗拒蛋糕或甜松饼的美味，那么餐后一杯花草茶就能立即帮助你平衡血糖。饮用此款茶时，搭配一些高蛋白质的零食，如坚果或鹰嘴豆泥效果更佳。［服用糖尿病药物者请饮前咨询药剂师或医生］

调制1咖啡杯所用原料:

1茶匙干的西伯利亚人参
1根肉桂棒（碎成2～3片）
1茶匙干的山羊豆
1茶匙干的图尔西（圣罗勒）

调制步骤:

① 用研钵捣碎西伯利亚人参和肉桂，然后与其他药草混合，放入茶壶中。
② 将一壶过滤水几近烧开，倒200毫升水至茶壶中，盖上壶盖。
③ 浸泡10分钟，最后过滤到杯中即可。

药草贴士

山羊豆常被用于2型糖尿病的辅助药物治疗。

Part 4

平和静心茶

现在的人们通常很难有时间和空间来放松，体验纯粹的安静与身体、内心的平和。本部分中使人宁静的茶可以促进深度放松和提升有效睡眠，并可减轻痛苦、缓解焦虑和调节激素等，帮助人们在生活中恢复急需的身心平衡。此款茶可使人积极向上，给人以精神慰藉，带给人一种治愈和平静的感受。

悠闲柠檬茶（Laid-back Lemon）

一杯加有柠檬且口感清爽的茶能给人以平静感，无论热饮还是冷饮都是极棒的体验。此款茶中的每种香料都有镇静的功效。大量研究表明，椴树花能缓解焦虑，使人放松。

调制2咖啡杯所用原料：

1茶匙干的柠檬马鞭草
1茶匙干的椴树花
1茶匙干的柠檬香蜂草
1茶匙干的黄芩
1/2茶匙干的柠檬草
1/2颗柠檬（榨汁）
每份1片新鲜的柠檬香蜂草叶（装饰用）

调制步骤：

① 将药草放进温热的茶壶里。
② 把一壶过滤水几近烧开，倒400毫升水至茶壶中，盖上壶盖。
③ 浸泡10分钟后倒入柠檬汁搅拌，过滤到2只杯中。
④ 每杯茶用1片柠檬香蜂草装饰即可。

调茶贴士

黄芩有很多衍生品种，但并不是所有的黄芩都有镇静作用。购买黄芩时，宜选择*Scutellaria laterifolia*品种或咨询药剂师。

香甜睡梦茶（Sweet Sleep Tea）

这种可促进睡眠的香甜花草茶，就像一支摇篮曲一样，放松你的身心，使你拥有一个美好的、香甜的睡眠。睡前一小时喝上一杯，药草就会在你入眠前发挥神奇的功效。[抑郁或女性生理期请去掉蛇麻花]

调制1超大杯所用原料：

1茶匙干的洋甘菊
1茶匙干的椴树花
1/2茶匙干的假荆芥叶
1/2茶匙干的西番莲
1/4茶匙干的蛇麻花
1块橘皮屑
一点干的薰衣草花瓣

调制步骤：

① 把一壶过滤水几近烧开。
② 将药草塞进宽敞的滤茶球或过滤器中，然后放在一个大杯中。
③ 在杯中倒入足够多的几近烧开的过滤水，浸泡5分钟，最后拿出滤茶球即可。

调茶贴士

按茶方在密封的瓶中保存一些混合后的花草茶，每晚喝一点此款茶有助于更甜美的睡眠。用3茶匙的混合物就可以方便快速地调制一罐睡前饮品。

清晰梦境茶（Dream Tea）

许多人相信，梦境的内容是从人的潜意识中传递出的信息，并且喜欢记录梦境，以便更深入地洞察自己的生活。艾叶长期以来都与清晰的梦境相关联，许多人说食用它们之后，梦境会变得更强烈、更清晰。由于艾叶是苦的，所以可把它与保持心境平静的甜味药草混合，睡前喝一杯，并记得在床头柜上放一支笔，以备梦醒后记下自己的梦境，这是不是很有趣！

调制1咖啡杯所用原料:

1茶匙干的或新鲜的椴树花

1茶匙干的红三叶草花

1/2茶匙干的艾叶

1/2茶匙八角

1/2茶匙干的或新鲜的茉莉花

一点薰衣草花朵

野花蜂蜜（调味用，自选）

调制步骤:

① 把一壶过滤水几近烧开。

② 将药草放进茶滤器，然后放在杯中。

③ 在杯中倒入足够多且几近烧开的过滤水，浸泡5～10分钟即可。

药草贴士

据说，临睡前在枕头下放一片新鲜的艾叶可避免多梦。

果敢茶（Bon Courage）

这款可爱的茶可以帮助你坚定决心，在你面对挑战的时候赋予你一点额外的勇气。据说罗马士兵在战斗前总会默念“我是琉璃苣，我不畏惧！”，中世纪的骑士们总是穿着绣有蓝色琉璃苣花的衣服去打仗。艾叶是勇敢的希腊女神阿尔忒弥斯的代表，斗篷草有保护作用，柠檬香蜂草和美黄芩则用来消除焦虑和恐惧。

调制1马克杯所用原料：

1茶匙干的美黄芩

1茶匙干的柠檬香蜂草

1/2茶匙干的琉璃苣（可用琉璃苣花，叶也有很好的功效）

1/2茶匙干的斗篷草

1/4茶匙干的艾叶

调制步骤：

① 把药草放到温热的小茶壶里。

② 将一壶过滤水几近烧开，然后倒300毫升水至茶壶中，盖上壶盖。

③ 浸泡10分钟，最后过滤到杯中即可。

调茶贴士

随身携带一小瓶这样的凉茶，以便在特殊场合缓解恐惧。如果将药草量加倍，制成浓茶，则喝一小口就够了。

女士下午茶（PM Tea）

这款复元性的花草茶可以迅速缓解易怒、腹胀和其他月经前的症状。柠檬香蜂草能振奋精神，蒲公英的叶子可以减少水潴留，斗篷草可以舒缓身心，荨麻能提高矿物质量。感受到经前症状后，每天喝1～2杯此款茶，直到症状逐渐消退为止，每天饮用量可增至4杯。

调制500毫升所用原料：

1茶匙干的柠檬香蜂草
1茶匙干的蒲公英叶
1茶匙干的斗篷草
1茶匙干的荨麻叶

调制步骤：

① 把药草放进温热的茶壶里。
② 将一壶过滤水几近烧开，然后倒500毫升水至茶壶中，盖上壶盖。
③ 静止10分钟，过滤即可。

经期奇妙茶（Monthly Magic）

如果有痛经的苦恼，此款茶可有助于缓解身体不适。具有抗痉挛作用的痉挛树皮和牙买加的山茱萸可以放松子宫肌肉，而斗篷草有助于恢复生理平衡。少许的生姜则有助于快速缓解不适。

调制500毫升所用原料：

3茶匙干碎的痉挛树皮
1茶匙干的斗篷草
1茶匙干的牙买加山茱萸
5毫米新鲜姜根（去皮，切片）
500毫升过滤水
麦卢卡蜂蜜（调味用，自选）

调制步骤：

① 将所有药草放进一个盛有水的小平底锅里。
② 慢火烧开，然后盖上密封的锅盖，减小火势煨10分钟。
③ 关火，晾3～5分钟，最后过滤，每几小时喝一小杯（根据喜好，可选择冷饮或再加热）。
④ 如果喜欢的话，可加一点蜂蜜增甜。

调茶贴士

月经开始前饮用此款茶，效果更佳。如果是规律性疼痛，可以从月经前一天开始每天喝2～3杯此茶，连喝3～5天。

宁静花茶（Sense of Calm）

此款精致的舒缓茶，能让人在忙碌中找到一片宁静的绿洲。燕麦籽、西番莲和美黄芩用来放松和平静忙碌的思绪，而玫瑰、图尔西和柠檬香蜂草用来焕发精气神儿。饮用此款茶会让人获得百忙中难觅的放松体验。

调制1马克杯所用原料:

1茶匙干的燕麦籽
1茶匙干的西番莲
1茶匙干的柠檬香蜂草
1/2茶匙图尔西（圣罗勒）
1/2茶匙干的美黄芩
1/4茶匙干碎的玫瑰花瓣或3～4片新鲜的红或粉色花瓣

调制步骤:

① 使用杵和臼，轻轻碾碎燕麦籽，然后倒进一个温热的茶壶中并加入其他药草原料。
② 将一壶过滤水几近烧开，倒300毫升水至茶壶中，盖上茶壶盖。
③ 浸泡3～5分钟，最后过滤到杯中即可。

药草贴士

燕麦籽是一种很好的用来预防和治疗应激症状的药草。它能舒缓神经系统、改善大脑功能，甚至能增强免疫力。

清心安神茶（All in the Mind）

令人平静的芳香薰衣草，与促进血液流通的迷迭香及芳香四溢、舒缓情绪的柠檬香蜂草混合，制成一款舒缓头痛和压力的茶是很理想的选择，它能使您进入完全放松的状态。用一根新鲜的柠檬香蜂草装饰，用于冷饮既悦目又很美味。

调制1咖啡杯所用原料：

1茶匙新鲜的迷迭香

1茶匙干的柠檬香蜂草

1/4茶匙薰衣草花

麦卢卡蜂蜜（调味用，自选）

调制步骤：

① 把药草和香料放进温热的大茶壶里。

② 将一壶过滤水几近烧开，然后倒200毫升水至茶壶中。

③ 浸泡3～5分钟，期间不时地搅拌茶壶里的药草。

④ 过滤到杯中，如果需要的话，加入一点蜂蜜搅拌后可调味。

减压茶（Stress Headache Tea）

当您忙得喘不过气且大脑承受着巨大压力时，这款茶对您而言将是完美的选择。洋甘菊可以缓解颈部和肩部的紧张感，传统的头痛疗法则是采用红纹马先蒿、小白菊、迷迭香来使头脑清醒、缓解不适。煮一壶此款茶，使药草伸展蔓延，小酌2～3满杯，让药草轻缓地融化痛苦，逐渐恢复身体的平衡与平和。

调制1马克杯所用原料：

2茶匙干的洋甘菊花

2茶匙干的红纹马先蒿

1/2茶匙干的绿薄荷叶

1/4茶匙干的迷迭香

1/4茶匙干的小白菊

调制步骤：

① 把所有药草放进一个温热的小茶壶里。

② 将一壶过滤水几近烧开，倒300毫升水至茶壶中，盖上茶壶盖。

③ 浸泡10分钟，最后过滤到杯中即可。

药草贴士

小白菊通常用于治疗偏头痛，每天喝一点小白菊茶可有助于预防偏头痛。

流金岁月茶（Time of Your Life）

这款促进激素释放的奇妙花草茶可以每天饮用，以缓解更年期症状。长期以来，圣洁莓因其激素调节功效而备受推崇，而在阿育吠陀医学中，芦笋是经典的女性药草。鼠尾草和黑升麻有助于使人保持冷静和镇定，圣约翰草和玫瑰是治疗情绪波动的理想选择。开始出现更年期症状时，每天喝1～2杯此款茶即可缓解不适。

调制2咖啡杯所用原料：

1茶匙干的圣洁莓

2茶匙干碎的芦笋

1茶匙干的黑升麻

400毫升过滤水

2茶匙干的鼠尾草

1/2茶匙干的圣约翰草

很少量的新鲜玫瑰花瓣或1/4茶匙干碎的花瓣

调制步骤：

① 用杵和臼轻轻压碎圣洁莓、芦笋和黑升麻。将混合药草倒进平底锅后加水。

② 把水几近烧开，慢煨5分钟。

③ 关火，立即加入鼠尾草、圣约翰草和玫瑰花瓣。

④ 盖上锅盖，浸泡5分钟，最后过滤到2只杯中即可。

调茶贴士

如果热饮使潮热或夜间盗汗更严重，可以冷饮或加冰来达到更好的效果。加一些新鲜的浆果可增色并获得额外的营养成分。

清热利湿茶（Is it Warm in Here? ）

感觉有点闷热和烦恼吗？冷饮此款茶，可有助于减轻中年人的日夜潮热。鼠尾草清热利湿，益母草可以缓解与伴侣激情后的心悸。可在晚上或任何需要提神的时候喝上凉爽的一杯。把这凉茶装在瓶子里也不错，以便在潮热来袭时啜饮以保持平静。

调制1马克杯所用原料：

2茶匙干的鼠尾草
2茶匙干的红三叶草
1茶匙干的艾草
1茶匙干的柠檬马鞭草
蜂蜜（调味用，自选）

调制步骤：

① 把所有药草放进一个温热的大茶壶里。
② 将一壶过滤水几近烧开，然后倒300毫升水至茶壶中，盖上茶壶盖。
③ 浸泡10分钟（尽管时间长点会更好），然后过滤，并加入蜂蜜调味。
④ 静置冷却后，放入冰箱储存。

Part 5

强身健体茶

滋补的药草具有调节免疫系统和肾上腺的功效，这使得这种舒缓而美味的茶有助于人们远离疾病，保持健康，特别是在流感季节以及压力大的时候。一旦患上疾病，那么选择这种复元的、有一定功效的茶可以缓解病症，并使身体恢复到最佳状态。

本部分入茶的很多药草都有不同的适应性，所以它们发挥的功效因人而异。

免疫力提升茶（Immuni-tea）

每天喝一杯此款美味茶，是一种简单且轻松的增强免疫力的方式。这款花草茶包含了富含抗氧化成分的接骨木果、百里香和黄芪，它们都有助于抵御疾病，甘草能增强有抗病毒作用的免疫系统机能，神奇的柠檬香蜂草也有抗病毒作用。[高血压者禁饮此茶，因为甘草可能会使血压升高]

调制1马克杯所用原料：

2茶匙干的接骨木果
2茶匙干碎的黄芪
1/2茶匙干碎的甘草
350毫升过滤水
1茶匙干或新鲜的柠檬香蜂草（新鲜的叶子有更好的抗病毒作用）
1/2茶匙干的百里香或2小片新鲜百里香叶
蜂蜜（调味用，自选）

调制步骤：

① 把接骨木果、黄芪和甘草放进一个盛有水的小平底锅里。
② 慢火加热几近烧开，然后减小火势，慢炖3～5分钟。
③ 关火，立即加入柠檬香蜂草和百里香。盖上锅盖，浸泡5分钟。
④ 最后过滤到杯中即可，如果需要的话，可加点蜂蜜增甜。

通勤无忧茶（Commuter Protection）

富含维生素C且有抗病毒作用的接骨木与有抗虫作用的肉桂、紫锥菊混合，使此款茶在寒冷冬日里也洋溢着暖意，它可帮助抵御冬季的病毒。也可添加蜂蜜饮用，浆果和肉桂自身倒是也有甜味。

调制1超大杯所用原料:

1茶匙干的玫瑰果

1/2茶匙干的接骨木果

1/2茶匙干碎的紫锥菊根

1/4茶匙干的肉桂（碎肉桂皮最佳，1/8根肉桂棒亦可）

1/4茶匙干的鼠尾草或两三片鲜叶

调制步骤:

① 把药草混合后放进茶漏中，将茶漏放到1只大杯中。

② 把一壶水几近烧开，然后把水倒入杯中的茶漏里，边注水边旋转茶漏。

③ 使其浸泡至少10分钟，直到浆果软化并释放出精华成分，最后移出茶漏即可。

调茶贴士

在寒冷早晨的上班途中，被同伴的咳嗽和喷嚏包围时，可带上一杯此款热茶，随时享用。

冬季温补茶（Winter Warmer）

这款有滋补作用且神奇的热茶可抵御冬日的严寒，预防普通感冒和流感。略带甜味和香料味的新鲜姜根、肉桂、甘草、薄荷和八角茴香，可以平稳地激发自身的防御系统。[高血压者不宜饮用此茶]

调制1马克杯所用原料：

1茶匙干碎的紫锥菊根
1茶匙干薄荷
1厘米片状的干燥的甘草
1厘米大小的新鲜姜根（去皮，切成薄片）
1块八角茴香
麦卢卡蜂蜜（调味用）
5厘米长的肉桂棒（装饰用，自选）

调制步骤：

① 把药草和香料放进一个大的温热茶壶里。
② 将一壶过滤水几近烧开，倒300毫升水至茶壶中，盖上茶壶盖。
③ 浸泡5～10分钟，期间不时地快速搅拌。
④ 最后把茶汤过滤到大杯中，加入少许蜂蜜搅拌。
⑤ 如果需要的话，备上一根肉桂棒，它会是理想的调味搅拌器。

夏日俏皮茶（Ah-Tea-Shoo！）

夏天是和朋友一起玩乐和放松的季节。但如果在公园里出现鼻塞、打喷嚏或眼睛发痒，那么此款清凉茶饮会再次使你体验到草地上嬉戏的感觉。所有这些药草均能调节免疫系统，缓解上述症状，防止花粉热。而且茶汤可冷可热。

调制2咖啡杯所用原料：

1茶匙干的接骨木花
1茶匙干的荨麻叶
1茶匙干的小米草
1/2茶匙干的黄花（又称秋麒麟草）
1/4茶匙干的绿薄荷或几片鲜叶（轻轻捣碎）
每份1片柠檬（装饰用）

调制步骤：

① 把所有药草放进一个温热的茶壶里。
② 将一壶过滤水几近烧开，接着倒400毫升水至茶壶中，盖上茶壶盖。
③ 浸泡5～10分钟，最后过滤到2只杯中，每杯加入一片柠檬装饰即可。

强心茶（Lionheart Tea）

此款茶中的药草一直被用于保护心脏及血管。山楂被广泛用于治疗早期心脏病以及循环系统的保健，它对心绞痛、高血压和心脏健康也有一定作用。每天饮用一杯此款美味茶对每个人都有益处，尤其是老年人。

调制1马克杯所用原料：

2茶匙干的山楂叶和花

2茶匙干的椴树花

2茶匙干的益母草

1茶匙干的欧蓍草

调制步骤：

① 把药草倒进一个温热的茶壶里。

② 将一壶过滤水几近烧开，接着倒300毫升水至茶壶中，盖上茶壶盖。

③ 浸泡10分钟，让干燥的浆果变得柔软和丰满。可以用勺或叉在壶边轻轻挤压浆果，最大量地获得风味物质和精华成分。

④ 最后过滤到杯中，趁热享用。

药草贴士

许多人发现山楂对治疗心脏病和高血压有帮助。但要切记：心脏病和高血压都是严重的健康问题，饮用前请先咨询医生。

超能茶（Aptogenius Tea）

草药师用“适应原（医学上是指能使机体处于“增强非特异性防御能力的状态”的药物）”这个词来形容那些可帮助身体和大脑解压的药草。这些药草含有能使人放松和保持精力充沛的特殊成分。

在疲惫的时候这款营养丰富的花草茶能让人解压，益于健康。这款茶得益于长时间的浸泡，根草释放出所有的精华成分。并不是非要用杵和臼轻轻地把它们捣碎，虽然这样效果会更好些。[甲状腺亢进或高血压者，最好不要饮用此茶]

调制2咖啡杯所用原料:

1茶匙干碎的南非醉茄

1/2茶匙干碎的甘草

1茶匙干碎的红景天根

1茶匙干的雷公根

1/4茶匙干碎的姜或5毫米新鲜姜根（切碎）

牛奶或杏仁奶（调味用，自选）

调制步骤:

① 用杵和臼捣碎药草，把它们放进温热的茶壶中。

② 将一壶过滤水几近烧开，接着倒600毫升水至茶壶中，盖上茶壶盖。

③ 浸泡至少10分钟，最后过滤到2只杯中。

④ 可以直接饮用，如果喜欢的话也可加一点牛奶或杏仁奶。

药草贴士

“南非醉茄”有时被称为“印度人参”，在印度，通常把它放到牛奶或酥油中进行烹饪，因为脂肪有助于药草中功效成分的释放。

止咳甜茶（Super Soothing Cough Tea）

这款用途广泛的拼配茶可以像传统茶一样喝，或者加入蜂蜜增稠后制成止咳糖浆（可以在冰箱里保存好几天）。此茶可以缓解成人和嗜甜儿童支气管炎引起的咳嗽。此茶中的所有药草均对呼吸系统有效用，而且许多都有抗病毒和抗菌作用。［高血压者不宜饮用此茶］

调制1马克杯或约400毫升（取决于蜂蜜添加量）所用原料：

1茶匙干的牛膝草叶

1/2茶匙干的鼠尾草

1茶匙干碎的土木香

1茶匙干的毛蕊叶和（或）花

1茶匙干碎的甘草

1/4茶匙干的或新鲜的百里香

300毫升过滤水

2～5茶匙麦卢卡蜂蜜（按需取用）

调制步骤：

① 把所有药草放进一个盛有水的小平底锅里。把水烧开，然后把火势调至最小，小火慢炖10分钟（不盖盖子），让溶液蒸发至产生浓郁的香气。关火，静置晾凉（这额外的浸泡时间会使茶味更浓厚）。

② 把晾凉的茶过滤到干净的锅中。

③ 将茶慢慢加热至煨煮温度，然后关火，加入蜂蜜搅拌，直到完全溶解。

④ 把混合液倒进1只杯中，趁热饮用。

⑤ 如果加大量的蜂蜜来调制止咳糖浆，要先把混合液晾凉，然后倒进一个玻璃罐里，放到冰箱可冷藏保存一周——使用的蜂蜜越多，保存的时间就越长。每天喝几杯即可缓解咳嗽症状。

药草贴士

牛膝草是止痉挛药，可缓解呼吸系统不适的痉挛性咳嗽等痉挛症状。

宝宝康复茶（Fussy，Feverish Kids' Tea）

此款茶更适合3岁以上基本健康的儿童饮用，是非处方药的一种良好替代品。假荆芥和椴树花有抑制发烧的作用，薄荷和洋甘菊能使人舒畅和放松，甘草能抗病毒，蜂蜜能使茶饮香甜美味，即使是品味挑剔的孩子也会喜欢。［高血压者不宜饮用］

调制1咖啡杯所用原料：

1茶匙干的假荆芥叶
1茶匙干的洋甘菊花
1/2茶匙干的椴树花
1/2茶匙干薄荷
1/2茶匙干碎的甘草
1/2～1茶匙麦卢卡蜂蜜

调制步骤：

① 把所有药草放进一个温热的茶壶里。
② 将一壶过滤水几近烧开，倒200毫升水至茶壶中，盖上茶壶盖。
③ 静置浸泡至少10分钟，然后过滤到杯中。
④ 趁热加入蜂蜜搅拌，晾凉——也可以加一些冰块，快速降温至适合儿童饮用的温度。

调养复元茶（Conval-essence）

祖辈们认为，病后需要一段时间才能痊愈。此款茶的设计正是基于此种考虑。荨麻有滋补作用，绣线菊可消炎，圣约翰草能抗疲劳，五味子可恢复体力，黄芪能增强免疫力。［服用抗抑郁药或服用其他类似药物者禁饮］

调制2马克杯所用原料：

2茶匙干的荨麻叶
1茶匙干的绣线菊
1茶匙干的圣约翰草
1茶匙干的黄芪
1茶匙干的五味子浆果

调制步骤：

① 把药草放进温热的大茶壶里。
② 将一壶过滤水几近烧开，倒600毫升水至茶壶中，盖上茶壶盖。
③ 浸泡5分钟，最后过滤即可。可在病后每天喝1～2马克杯，至少喝一周。

流感康复茶（When it's Flu Tea）

流感不同于普通感冒，流感引起的身体酸痛和高烧会使人感觉很不舒服。这种含有丰富药草的功能性花草茶可以缓解身体不适，利于康复。兰草可减轻疼痛，接骨木果和圣约翰草能抗病毒，接骨木花能抑制发烧，而紫锥菊和穿心莲可增强免疫力，麦卢卡蜂蜜不仅能使茶味更佳，本身还有缓解身体不适和抗菌的功效。［高血压者和抗抑郁药等药物的用药者禁饮］

调制1升所用原料：

4茶匙干的兰草
4茶匙干碎的紫锥菊根
4茶匙干的接骨木果
2茶匙干的接骨木花
2茶匙干的圣约翰草
1茶匙干的穿心莲
1升过滤水
2茶匙麦卢卡蜂蜜（调味用）

调制步骤：

① 把所有药草放进一个盛有水的平底锅里。
② 将其几近烧开，然后减小火势，盖上盖子，煨10分钟。
③ 关火，趁热（但别过烫）加入蜂蜜搅拌。
④ 趁热饮用，然后把剩下的茶倒进保温瓶中，则可以全天饮用此茶来缓解病症和辅助对抗病毒。

药草贴士

所有蜂蜜均有增甜和抗菌作用，但新西兰麦卢卡蜂蜜效果更佳。

康福茶（Tea for a Head Cold）

即使是身体非常棒的人偶尔也会感冒。这款康福茶不仅能让人感觉更好，还能帮助抵抗病毒。裹在毯子里取暖前可以先喝一杯这款热茶。

调制2马克杯所用原料：

1茶匙干碎的紫锥菊根
1茶匙干的接骨木果
1/2茶匙干的欧蓍草
1/2茶匙干的薄荷
1/2茶匙肉桂皮或1/4根肉桂棒
1厘米大小的新鲜姜根（切碎）或1茶匙干姜
每份1～2茶匙蜂蜜
每份1片柠檬（装饰用）

调制步骤：

① 把药草放进茶壶。
② 将一壶过滤水几近烧开，倒600毫升水至茶壶中，盖上茶壶盖。
③ 浸泡5～6分钟，然后过滤到2只杯中，加入蜂蜜搅拌。
④ 每份都配上一片柠檬片。

药草贴士

生姜不仅能起到温补和抗炎作用，减轻疼痛和缓解不适，而且还能通过排汗来增强体质，利于健康。

Part 6

幸福快乐茶

具有保健作用且有滋补作用的花草茶专为提升愉悦感而调制，能帮助人们全面放松和提升幸福感。可让人体验到恢复青春活力、身体放松的感觉，或是睡眠轻松、陷入甜蜜梦乡的感觉，感官被唤醒，自然会焕发生命活力。饮几杯此款花草茶能使人每天都体验到纯粹的宁静感和绝对的幸福感。

欢乐茶（Happy Tea）

这款提神且令人愉悦的花草茶肯定会使你的脸庞绽放出笑容。薰衣草能使人平静，柠檬香蜂草能让人心情愉悦；几个世纪以来，椴树花一直被用于放松身体和恢复活力；玫瑰既是一种抗抑郁剂，又是一种促进睡眠的天然辅助药草；甘草能使人度过焦虑和压力期。这是一款消除忧郁的无与伦比的花草茶。［高血压者不宜饮用此茶］

调制2咖啡杯所用原料：

2茶匙干的柠檬香蜂草

2茶匙干的椴树花

1/2茶匙干碎的甘草

少许干燥或新鲜的薰衣草花

一撮干玫瑰花瓣或3～4片新鲜花瓣

调制步骤：

① 把药草放进一个温热的茶壶里。

② 将一壶过滤水几近烧开，倒400毫升水至茶壶中，盖上茶壶盖。

③ 浸泡3～5分钟，然后过滤到2只杯中，趁热饮用。或者将茶汤过滤到壶中，晾凉，然后再倒进玻璃容器中，放入冰箱冷藏。

④ 在凉茶中加入冰块制成冷饮，可使夏日饮品焕然一新。凉茶放入冰箱可保存2天。

调茶贴士

薰衣草加一点点就好，因为加得太多的话喝起来会有一点肥皂味。

甜言蜜语茶（Love Potion）

这是一款可与爱人分享的绝佳茶。据说玫瑰可使人敞开心扉，芙蓉可增进爱意，茴香和豆蔻使人充满温情，柠檬马鞭草可让人产生好心情。

调制2咖啡杯所用原料：

1茶匙干的芙蓉花

2茶匙干的柠檬马鞭草

1/2茶匙干的玫瑰花瓣或3片新鲜的红玫瑰花瓣

1/2茶匙干的或新鲜的迷迭香

1/2茶匙茴香籽

1颗小豆蔻

每份1片玫瑰花瓣（装饰用）

调制步骤：

① 把所有药草放进一个小茶壶里。

② 将一壶过滤水几近烧开。

③ 倒400毫升的热水于茶壶中，盖上茶壶盖。使其浸泡7～10分钟，然后过滤到2只杯中。

④ 每杯放一片玫瑰花，花漂浮于茶表面，使茶看上去很漂亮，同时还能赋予茶芳香。

活力焕发茶（Vital Force Tea）

这款花草茶可使人焕发活力。西伯利亚人参可抗疲劳、抗衰老和缓解压力，图尔西、南非醉茄和达米阿那可缓解焦虑和稳定情绪。［甲亢者最好勿饮］

调制1马克杯所用原料：

1茶匙干的西伯利亚人参

1茶匙干的南非醉茄（南非醉茄也称为印度人参，具有抗氧化和增强免疫力的功效）

1/2茶匙干的图尔西（圣罗勒）

1/2茶匙干的达米阿那叶

1/4茶匙干姜或1厘米大小的新鲜姜块（切片）

300毫升过滤水

蜂蜜（调味用，自选）

调制步骤：

① 把所有药草（除生姜外，如果使用的是新鲜的姜根）放在臼中，用杵尽可能地捣碎（或者使用干净的香料研磨器）。

② 把药草倒进盛有量好水的平底锅里（若使用新鲜的姜，则直接加到锅中），小火把水烧开。煨5分钟，关火。

③ 使茶凉一点后过滤到杯中。如果需要的话，可加一点蜂蜜来增甜。

随心茶（In the Mood）

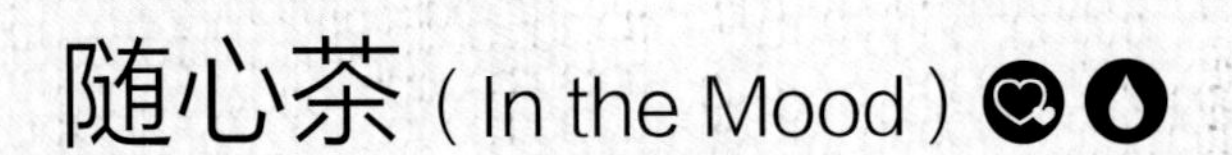

当爱来临的时候，可与爱人分享一壶此款迷人的花草茶。玫瑰、茉莉、达米阿那和姜都是传统的催情药草，它们配以西伯利亚人参可增添额外的魅力。把灯光调暗，倒上一杯茶，随心所欲地享受吧！

调制2咖啡杯所用原料：

1茶匙干的西伯利亚人参

1茶匙干的达米阿那叶

1/4茶匙干姜或1厘米大小的鲜姜（切碎）

1/2茶匙干的玫瑰花蕾或花瓣

1/2茶匙干的或新鲜的茉莉花

调制步骤：

① 把西伯利亚人参、达米阿那叶和姜放进茶壶中。将一壶过滤水几近烧开。

② 倒400毫升水至茶壶中，盖上茶壶盖。浸泡5分钟，加入玫瑰和茉莉花。

③ 再次浸泡3分钟，最后过滤到2只杯中即可。

药草贴士

新鲜的茉莉花具有温和的镇静作用，可使人放松身心。研究还发现茉莉花能提高性欲。

香甜睡梦茶（Sweet Dreams Tea）

开启新的一天的极佳方式是从愉悦的睡梦中醒来。一杯梦幻般的花草茶能使人拥有甜蜜的梦境。马鞭草能放松肌肉，长期以来一直与深度、愉悦的睡眠联系在一起，而洋甘菊和柠檬香蜂草可以舒缓胃部，防止睡眠质量不佳引起的消化不良问题。此款花草茶是完美的睡前茶。

调制2咖啡杯所用原料：

1茶匙干的红纹马先蒿（红纹马先蒿可用于肾阳虚衰症，治疗肾阳虚衰之水肿、小便不利症）

1茶匙干的马鞭草叶

1茶匙干的洋甘菊

1茶匙干的柠檬香蜂草

一捏干的薰衣草花

调制步骤：

① 把所有药草放进一个温热的茶壶里。

② 将一壶过滤水几近烧开。

③ 接着倒400毫升水至茶壶中，盖上茶壶盖。

④ 浸泡3～5分钟后过滤到2只杯中即可。

调茶贴士

甜蜜梦乡往往源于良好的睡眠。另外，在享用此款茶的同时，为什么不阅读一本书，而是使用会刺激大脑的电脑或手机呢？

谢雷妮茶（Serenitea）

此为谢雷妮茶公司产品，Serenitea是一家开展精细化服务的茶叶公司。由柔美的鲜花拼配的芬芳花草茶，不仅可以激发热情、促进放松和调理身体，还能释放压力。甘草的甜蜜芳香提供了抚慰心灵和敞开心扉的完美动力，可使人体验到完美的和谐和绝对的宁静。［高血压者禁饮］

调制2马克杯所用原料：

2茶匙干的洋甘菊
1茶匙干的玫瑰花瓣和花蕾
1茶匙干的金盏花
1/2茶匙干的椴树花及叶
1/2茶匙干的接骨木花
2.5厘米片状干碎的甘草根
1/2茶匙茴香籽
2～3粒干的薰衣草花
1薄片柠檬（切半）
麦卢卡蜂蜜（调味用，自选）

调制步骤：

① 把药草放进研钵里，用杵轻轻压碎，直到药草大致混合，然后倒进茶壶里。
② 将一壶过滤水几近烧开，倒600毫升热水至药草中，盖上茶壶盖。
③ 浸泡3～5分钟，然后过滤到2只温热的杯中。
④ 每杯加半片柠檬，如果需要的话，再加入一点营养蜂蜜搅拌即可。

调茶贴士

热水浸泡后，干花和干叶体积可膨胀到5倍，所以应将其放在足够大的茶壶中。

禅茶（Meditation Tea）

每天花一点时间冥想对大脑、身体和精神都有好处。此款花草茶专为集中注意力和放松身体来体验冥想过程而调制，冥想前要先饮此茶。［高血压者饮用含迷迭香茶时应先征求医生建议，因为它可加重病情］

调制1咖啡杯所用原料：

1茶匙干的图尔西（圣罗勒）
1/2茶匙切碎的新鲜迷迭香
1/2茶匙干的艾蒿
1/2茶匙干的马鞭草叶
1/2茶匙干的玫瑰花瓣

调制步骤：

① 把所有药草和玫瑰花瓣放进一个茶包或浸煮器里，然后放在一只杯中。
② 将一壶过滤水几近烧开，倒200毫升热水到杯中。
③ 浸泡3～5分钟，期间不时地搅动浸煮器，最后拿出浸煮器即可。

夏日之恋茶（Summer Lovin’）

无论是热饮还是加冰冷饮，此款清爽明亮、色泽似红宝石的花草茶总能令人神清气爽。玫瑰、柠檬马鞭草和芙蓉能令人振奋，而绿薄荷、柠檬草和橙汁则清爽怡人。此款花草茶在带有内置浸煮器的玻璃茶壶中看起来非常漂亮——尤其适合夏日聚会。

调制2马克杯所用原料：

1茶匙干的芙蓉花

1茶匙干的柠檬马鞭草

1茶匙干的绿薄荷

1茶匙干碎的橘皮

1/2茶匙干碎的柠檬草或1厘米长的新鲜柠檬草（切碎）

每份一片橘皮（装饰用）

每份1片干的或新鲜的玫瑰花瓣（红色或粉红色最佳，装饰用）

调制步骤：

① 把药草放进浸煮器里，将一壶过滤水烧开。

② 倒600毫升热水至茶壶的浸煮器里，盖上茶壶盖。

③ 浸泡10分钟，然后过滤到2只杯中，每杯加入一片橘皮和一片玫瑰花作装饰。

④ 如果打算加冰冷饮，那就让过滤后的茶晾凉，然后放进冰箱冷藏至少1个小时，最后装饰和加冰即可。

治愈茶（Tea for a Broken Heart）

时间虽是最好的疗伤者，但人在伤心时药草也可以起到很大的帮助。山楂、玫瑰和三色堇（三色堇的每朵花通常有紫、白、黄三色，故名三色堇，是冰岛、波兰的国花。传说三色堇上的棕色图案，是天使来到人间的时候，亲吻了它三次而留下的）能温暖人心，红纹马先蒿有助于恢复判断力，而合欢和柠檬香蜂草可令人心情愉悦。药草的最可爱之处在于它们对身心都有治愈作用，并且许多情绪状态像身体状况一样容易治愈。

调制1马克杯所用原料：

1茶匙干的山楂果
1/2茶匙干的合欢皮
300毫升过滤水
1茶匙干的或新鲜的柠檬香蜂草
1/2茶匙干的红纹马先蒿
1/4茶匙干的玫瑰花蕾或花瓣
1/4茶匙干的三色堇
蜂蜜（调味用，自选）

调制步骤：

① 把山楂果和合欢皮放进一个盛有水的小平底锅里。
② 把水烧开，接着减小火势慢炖5分钟，关火，立即加入剩下的药草。
③ 盖上锅盖，浸泡10分钟。
④ 最后过滤至杯中，如果喜欢的话，可加一点蜂蜜调味。

药草贴士

“三色堇”还被称为“野生三色堇”（wild pansy），传统上被用来促进新陈代谢及缓解身体和情绪上的疲劳等。使用三色堇也是一种让人拥有恢复安稳睡眠的自然之道。

冬日蓝调茶（Winter Blues Tea）

这款口感丰富的花草茶含有阳光般的圣约翰草和椴树花，可使昏暗的冬日散发出些许光芒，激励人们走出忧郁。具有抗氧化作用的路易波士（rooibos，为豆科、针叶状灌木植物）能保护免疫系统，迷迭香和红景天能激发活力，少许的姜有温补和舒缓作用。每早都喝1～2杯，效果最佳。［服用抗抑郁药物者不宜饮用此茶］

调制1马克杯所用原料：

1茶匙干的圣约翰草

1茶匙干的路易波士

1茶匙干的椴树花

1/2茶匙干的迷迭香

1/2茶匙干碎的红景天根

1/4茶匙干姜或1厘米大小鲜姜（切碎）

调制步骤：

① 把所有药草放进一个温热的茶壶里，并将一壶过滤水烧开。

② 倒300毫升热水至茶壶中，盖上茶壶盖，使其浸泡5～6分钟，然后过滤到杯中。

药草贴士

众多研究表明，圣约翰草能缓解抑郁及与其相关的焦虑、失眠、食欲不振和疲劳等症状。

假期欢庆茶（Holiday Celebration Tea）

这款美味的果味花草茶，浓郁可口且辛辣，富含维生素C和大量抗氧化剂以及香料，有助于消化你所享用的珍馐美味。在欢庆的时刻饮用它也会很棒，因为健康和欢乐总是同行！［高血压者不宜饮用此茶］

调制2马克杯所用原料：

1茶匙干的山楂果
1茶匙干碎的甘草
1茶匙干碎的药蜀葵根
1茶匙干的接骨木果
1茶匙干的玫瑰果
1/2茶匙香菜籽
1/2茶匙干碎的肉桂或1/2根肉桂棒（敲碎）
600毫升过滤水
每份2茶匙蜂蜜（调味用）
每份1根肉桂棒（装饰用）

调制步骤：

① 将药草混合均匀，用杵臼轻轻碾碎，并把它们放进盛有水的平底锅里。

② 把水烧开，然后减小火势，煨10分钟。

③ 过滤到2只杯中，加入蜂蜜调味，最后在每杯中用肉桂棒搅拌即可。

药草贴士

最近研究发现，药蜀葵根在治疗胃灼热、消化不良、胃溃疡和结肠炎等方面有一定效果，它还有助于调节血糖水平，尤其是在暴饮暴食之后。

Part 7

星辰茶品

虽然令人愉悦的花草茶可以辅助解决情感和身体健康问题，缓解病状，振奋精神，并使人得以慢慢康复，但除此以外，其实还可以从花草茶中受益更多。在本部分中，你将会探寻到丰富美味的花草茶调味品，比如夺目的黄金牛奶和姜黄、滋养的杏仁奶、新鲜健康的花圃茶、芬芳的香甜酒和沙冰、性温且辛辣的香草可可和精致的调味蜂蜜。真是妙不可言!

香草蜂蜜茶（Chai Honey）

蜂蜜有特定的抗菌和康复成分，因而本身也是一种药物，可为茶饮快速调味和增加有益成分。这种汲取药草花粉和香料精华的蜂蜜用来酿造一种著名的印度酒。只要经常进行搅拌，药草成分就会浸入蜂蜜。想用药草蜂蜜来调制一种美味的速溶茶，只需加1~2勺蜂蜜到热牛奶、非乳制奶（如豆奶）或是白开水中搅拌，就能得到一杯令人满意的药用饮料。

调制250克所用原料：

250克/罐的野花蜂蜜

1茶匙肉桂粉

1茶匙小豆蔻粉

1/2茶匙姜粉

1/2茶匙甜胡椒粉

1/4茶匙肉豆蔻粉

1/4茶匙丁香粉

1/4茶匙香菜粉

调制步骤：

① 从蜂蜜罐中舀出4~5勺蜂蜜，为加药草粉留出空间，然后盖上盖子。

② 把蜂蜜罐置于盛有热水（确保不是开水，否则易使罐子破裂）的碗中溶解5分钟——使其与药草粉的混合更容易，并不时地打开盖子搅拌蜂蜜。

③ 在小碗里将香料粉混合均匀。

④ 把蜂蜜罐从水中取出，擦干罐子外壁的水，打开盖子，然后小心地把香料混入蜂蜜中搅拌。

⑤ 盖上盖子，在阴凉的地方放置至少两周，使香料渗入蜂蜜。经常搅拌有利于混匀和增强风味。香料中的芳香油使得蜂蜜具有惊人的抗菌力，因此蜂蜜在橱柜或贮藏室里都能很好地保存，而且随着时间的推移，风味也会逐渐加深。

调茶贴士

如果没有药草粉，可以用杵臼或香料磨碎机自行磨制。

健体蜂蜜茶（Healthy Honey）

味美且用途广泛的蜂蜜可以完美地启动人体免疫系统。可用它来调制一杯即饮茶：舀两三勺这种蜂蜜搅拌在热水里，或者加到冰雪女王沙冰中，或者淋在水果或什锦水果上，或者从罐里舀出来直接享用。[高血压者不宜饮用]

调制250克

4茶匙干的接骨木果

3茶匙干碎的紫锥菊根

1½茶匙干的百里香

1茶匙干碎的甘草

1/2茶匙干的鼠尾草

1瓣大蒜（切碎，自选）

250克/罐松软的野花蜂蜜

调制步骤：

① 将干燥的药草混合均匀，用研钵或干净的香料研磨机磨碎。如果加蒜的话，把它和药草一起研磨。

② 从蜂蜜罐中舀出4～5勺蜂蜜，为加药草粉留出空间，然后盖上盖子。把蜂蜜罐置于盛有热水（确保不是沸水，否则易使罐子破裂）的碗中溶解5分钟——使其与药草更容易混合。不时打开盖子搅拌蜂蜜。

③ 把药草粉和大蒜加入蜂蜜罐中搅拌均匀，盖上盖子，将罐子放在阴凉的地方（避免太阳直射），至少放置2周并经常搅拌。没有必要过滤药草，因为过滤过程会很辛苦且会浪费大量的蜂蜜。在食用前先搅拌蜂蜜，如果要在茶中加入蜂蜜，就弄一小块放入杯底即可。

调茶贴士

此款茶中，大蒜是自选的，虽然其他药草可以掩盖大蒜的味道，但并非每个人都喜欢生蒜的味道或气味。大蒜是一种绝佳的抗菌材料，它的作用与其他药草相辅相成。

风味热可可茶（Hot Spiced Cocoa）

巧克力也是一种香草！可可豆既美味又令人上瘾，富含抗氧化多酚，还含有提神的成分。加一点辣椒粉和小豆蔻可改善消化功能，使得它变成餐后享用的极佳饮品。无论是不加糖还是加少许糖，都是健康美味的热巧克力“茶饮”。

调制2马克杯

600毫升牛奶或非乳制奶（如杏仁奶、豆浆或米浆）

4茶匙可可粉

1/4茶匙肉桂粉

1/4茶匙辣椒粉（调味用）

1/2根香草荚

1粒小豆蔻

肉豆蔻

每份1根肉桂棒

调制步骤:

① 把牛奶、可可粉和香料一起倒进平底锅中。

② 用中低火慢慢加热，直到牛奶表面开始冒小泡，然后将火势减至最小，煨3～5分钟。

③ 用细筛过滤到2只杯中，加少许豆蔻粉和肉桂棒进行搅拌。

调茶贴士

生巧克力有天然的苦味，但肉桂和香草可增加甜味。如若更喜欢甜一点的热巧克力，那就加点蜂蜜吧。

黄金牛奶（Golden Milk）

美味舒爽的黄金牛奶（以姜黄为主的饮料，是2016年来自印度的流行饮品）是印度利用姜黄的传统方式，尤其在冬季。姜黄是阿育吠陀医学体系中广泛应用的药草，其抗炎和抗菌特性使它成为治疗关节炎、高胆固醇、普通感冒和流感的良药。［血液稀释治疗者饮前请咨询医护人员］

调制1马克杯

300毫升牛奶（或脱脂牛奶）
1茶匙姜黄粉
1/4茶匙肉桂粉
2粒黑胡椒
1茶匙椰子油（自选）
蜂蜜（调味用）
肉豆蔻（装饰用）
1根肉桂棒（自选）

调制步骤:

① 把牛奶、香料和椰子油（如果选用的话）放进锅中，用文火把牛奶几近烧开，然后减小火势，慢炖25分钟。
② 关火，过滤到杯中。
③ 加入蜂蜜调味，用少量磨碎的肉豆蔻装饰，并且用肉桂棒搅拌。

杏仁奶（Almond Milk）

这款杏仁奶比市场买到的饮品都要好。调制时，使用好的搅拌器可得到更好的饮品，使用普通的搅拌器或加工工具也无不可。

调制750毫升

150克整颗的杏仁
750毫升过滤水
1/2茶匙纯香草精
3颗去核的枣
1/4茶匙肉桂粉
一小撮食盐

调制步骤:

① 把杏仁浸泡到过滤水中过夜。
② 次日早晨揉洗杏仁，并放进装有量好水的搅拌器中。
③ 加入其余的配料，在最大功率下搅拌3～5分钟，直到杏仁被粉碎。用筛网过滤。
④ 将纱布上的浆汁尽可能挤出。
⑤ 把杏仁奶倒进玻璃容器中，存放在冰箱里，一般可存放5天。饮用前记得摇匀。

鲜花茶（Flower Garden Tea）

还有什么比摘下鲜艳的花瓣做成一杯茶更幸福的呢？赋予花朵颜色的黄酮类化合物能保护心血管系统，而芳香油则能缓解炎症和防止感染。从下面列出的鲜花中，挑选一种最喜欢的，就可调制和享用一杯独特而芬芳的茶饮！花瓣非常娇嫩，在热水中很快就被浸渍，所以，与一般的制茶过程相比，应有所不同：应把花瓣加进茶壶的热水中，而不是把热水浇到茶壶中的花瓣上。

调制2咖啡杯

一把新鲜的紫罗兰、金盏花、琉璃苣花、玫瑰花、迷迭香花、红色三叶草花、薰衣草花、蓝色矢车菊花、紫锥菊花、旱金莲花和/或芬香的天竺葵叶片（最好是玫瑰或柠檬天竺葵的叶片）

调制步骤：

① 将一壶过滤水几近烧开，然后将400毫升水倒进茶壶（宜选用一个能展现花瓣赏心悦目颜色的茶壶），立即加入花瓣，在水中轻轻搅拌，使它们下沉。

② 浸泡3～5分钟后，倒进2只杯中。

③ 可以将花瓣滤掉，或者就让它们沉在杯子的底部。

药草贴士

迷迭香可促进血液流向大脑，因此可以提升情绪。但是它会加重高血压，所以使用前请先咨询医生。

缓过敏甜茶（Allergy-ease Cordial）

泡制果饮是利用花草美味和功效的一种好办法。夏天经常用手配制花草茶对治疗花粉热和季节性过敏有一定作用。荨麻含有的抗组胺成分有助于减轻过敏反应，小米草（别名芒小米草、药用小米草，全草入药，有清热解毒、利尿之功效）可缓解炎症，接骨木花有益于减轻鼻炎症状。按1：5的比例加入水中（儿童减半），每天不超过3杯进行饮用即可。

调制450毫升

250克有机砂糖
250毫升过滤水
4茶匙干的接骨木花
4茶匙干的荨麻叶
3茶匙干的小米草
2茶匙干的车前草叶
1茶匙干的欧蓍草
1茶匙茴香籽
柠檬（榨汁）

调制步骤:

① 在小平底锅里加入有机砂糖和量好的水，小火加热并小心地搅拌，使糖溶开。
② 趁糖浆加热的时候，用研钵将所有药草轻轻碾碎。
③ 一旦糖全部溶开，锅里的液体就又变得清澈。关火，把所有药草放入锅中。
④ 再次在锅中搅拌，确保药草都浸入糖浆，盖上盖子，把药草浸泡在逐渐变凉的糖浆中。
⑤ 一旦糖浆完全变凉，就小心地过滤掉药草。装瓶，贴上标签，放进冰箱，可保存长达3周。
⑥ 饮用时，按与纯净水或苏打水1：5的比例进行混合。同时可加少许柠檬汁来提升亮度和增加风味。

调茶贴士

虽然这款甜饮需要加许多糖以便保存，但每次饮用时摄入量并不大，因为它已经被加的水冲淡了。

健康沙冰（Immune-boosting Smoothie）

在早晨喝的沙冰中加入花草汁会有诸多益处，它们对人体的免疫系统健康有直接影响。可将部分或全部花草汁加到日常的沙冰中，或者尝试一下此款迷人的沙冰，它包括具有抗炎作用的石榴汁和抗氧化作用的蓝莓。

调制1高玻璃杯的量

花草汁原料

2茶匙干的接骨木果

2茶匙干碎的紫锥菊根

150毫升过滤水

2茶匙干的柠檬香蜂草

1茶匙干的薄荷

沙冰原料

1杯药草汤剂（见上文）

100毫升杏仁奶（见123页“杏仁奶”）

100毫升石榴汁

少量新鲜的或冰冻的蓝莓

半根香蕉

调制步骤:

① 调制花草汁，先用中火加热锅中的接骨木果、紫锥菊和量好的水，直到表面开始冒出泡泡，然后减小火势煨5分钟（不盖盖子），直到浆果开始破裂。关火，立即加入柠檬香蜂草和薄荷。盖上密封的锅盖，放置花草汁直至完全冷却。

② 把花草汁过滤到罐中，用勺子把花草放在筛子侧边进行挤压，取出所有汁液，然后倒进一个玻璃瓶中。立即使用或冷藏备用（可保存1天）。

③ 调制沙冰时，将原料混合后倒进搅拌机中搅拌，然后倒进一只高脚杯中即可。

调茶贴士

晚上调制这种花草汁并冷藏过夜可节约早上的时间，或者按茶方多做一些在冰盒里冷冻起来，可在使用时直接取三四块放进沙冰中。

香草沙冰（Fresh Herb Sorbet）

夏季利用新鲜药草风味和药效的绝妙方式就是调制沙冰。可以尝试自己搭配药草，下面列出的药草均有振奋精神的效用，而且能带给人一种清新自然的愉悦感，既提神又清凉。

调制6~8份

250克白砂糖

5~10克新鲜花草组合，如玫瑰与天竺葵，柠檬与马鞭草，玫瑰花瓣、薄荷与柠檬香蜂草（选择的药草不同，确切的重量也有所不同，主要是根据茶杯大小而定）

750毫升过滤水

1颗柠檬的汁液

调制步骤：

① 将白砂糖和花草放进料理机中混合搅拌，直到它们变成厚厚的糊状物，附着在机壁上的也要刮下来。加100毫升水与糊状物混合。

② 加入量好的剩余的水和柠檬汁，再次混合，直到完全混匀。

③ 放进冰箱中至少冷藏2个小时，然后按照说明书冷冻在冰淇淋机里（或者直接将混合物倒进一个宽且扁平的容器里，冷冻起来，在成形的过程中，每隔几个小时就从冰箱中取出来用力搅拌一会儿）。

调茶贴士

少许的茴香叶可使茶味更佳，而且使茶有很好的香气。

椰奶鸡尾酒

（Ashwagandha and Turmeric Colada）

饮用此款美味的无酒精鸡尾酒是一种利用南非醉茄益处的好方式，南非醉茄是印度有名的药草，能调节肾上腺和平复情绪，姜黄可增强免疫力，减轻炎症。这两种药草的精华成分都能在脂肪含量较高的液体中被提取出来，这就使得椰奶成为这种奇妙饮品的最佳选择。菠萝有助于消化吸收，椰奶提供了高质量的蛋白质和必需脂肪酸。[甲亢者禁止饮用，血液稀释治疗者饮用前请咨询医师]

调制2高脚杯

300毫升有机椰奶
3茶匙南非醉茄粉
1/2茶匙姜黄粉
250毫升菠萝汁
4块冰块
每份1块新鲜的楔形菠萝（装饰用）

调制步骤：

① 把椰奶倒进一个带盖的罐子里，然后加入南非醉茄粉和姜黄粉。摇匀，冷藏至少30分钟。

② 准备调制飘雪椰汁时，先将冷藏过的椰奶、菠萝汁和冰块放进1搅拌机或榨汁机中，搅拌至汁液丝滑。

③ 把飘雪椰汁倒进精致的玻璃杯中，每杯都用一块楔形菠萝片装饰。可自选是否再加一把小纸伞进行装饰以使其更加精致美观。

原料禁忌

哺乳期禁用

服药期禁用
（特殊情况另有说明）

孕期禁用

禁用的条件

使用药草前咨询医生或药剂师是非常重要的环节，尤其是在孕期、哺乳期及存在健康问题或服药期间。

花草

大部分药草都能为健康和幸福带来许多益处，本书中调制美味花草茶所用药草的一些特性列置如下。

仙鹤草（*Agrimonia eupatoria*）

全草入药，治疗诸如消化不良、腹泻、膀胱炎、腹胀、肝病、风湿病和湿疹、痤疮等皮肤疾病。

合欢皮/花（*Albizia julibrissin*）

合欢被称为“幸福之树”，通常被用于缓解焦虑、抑郁和压力。广泛应用于中医治疗失眠、记忆障碍、疼痛、过敏性疾病、肿胀和血液循环疾病。

甜胡椒（*Pimenta dioica*）

用于防治肠胃胀气、呕吐、消化不良、腹泻等消化问题，还能刺激食欲，保护神经系统。它还是治疗发烧、痛经和关节疼痛的天然药草。

穿心莲（*Andrographis paniculata*）

这种苦味药草以能强化免疫系统而闻名，有助于预防和抵抗病毒、真菌和细菌的感染，还能促进消化系统的健康，保护肝脏，缓解高血压和抗炎。

当归（*Angelica archangelica*）
[血液稀释治疗期]

当归一直用于退烧，治疗咳嗽、感冒和肺部疾病，也能增强泌尿系统和心脏功能，减轻风湿病症状和抵抗细菌感染。当归含有的丰富营养物质能全方位促进健康。

大茴香（*Pimpinella anisum*）

这种广受欢迎的药草具有浓郁的独特风味，经常被用于治疗咳嗽、鼻塞和哮喘，以及消化不良、抽筋、恶心、头痛、焦虑和食欲不振。有证据表明，大茴香可以促进性欲，也可用于催乳。

南非醉茄（*Withania somnifera*）
[甲状腺亢进者]

南非醉茄是阿育吠陀医学中最重要和最强效的药草之一。它有助于恢复活力，减缓疲劳和压力，保护免疫系统，调节血糖和缓解焦虑。作为一种“适应原”性药草，研究表明它有增强甲状腺功能的作用。

黄芪（*Astragalus membranaceus*）
[自身免疫期]

中国的黄芪用于维护免疫系统健康和提升活力，同时它也是一款多功能补品，还可用于治疗普通感冒和流感、舒缓压力。传统上，它一般不在急性感染期使用，而是用于康复期的疾病治疗。

假马齿苋（*Bacopa monnieri*）

假马齿苋在阿育吠陀医学上使用了数千年，它能增强注意力和记忆力，促进大脑的健康，改善睡眠，缓解压力和焦虑。

熊果（*Arctostaphylos uva-ursi*）

这种天然利尿剂有助于改善膀胱和肾脏健康，并常用于治疗膀胱炎和尿路感染。它也用于治疗肌肉和关节的疼痛，并能起到抗炎作用。

越橘（*Vaccinium myrtillus*）

这些漂亮的蓝色浆果富含抗氧化剂，有助于防止衰老引起的退行性影响。它们在治疗上可促进机体的血液循环，增强血管功能，调节血糖，缓解腹泻和改善视力。

黑升麻（*Cimicifuga racemosa*）

[雌激素敏感期]

常用于治疗与月经和绝经有关的症状，如情绪波动、痛经和潮热。黑升麻也因具有抗炎效用而闻名，还有助于缓解关节炎和神经疼痛。

黑夏至草（*Ballota nigra*）

黑夏至草在缓解恶心和呕吐方面享有口碑，尤其是由神经系统引起的恶心和呕吐。它被广泛用于治疗晕动病和妊娠早期产生的恶心或由药物引发的副作用。

黑胡椒（*Piper nigrum*）

好的胡椒粉能使每一餐都变得可口，但它不只是一种调味料，黑胡椒中的精油有助于身体更有效地吸收和利用其他药草中的有效成分，尤其是对姜黄，因为姜黄的精华成分更易被油性介质所提取。它还有助于促进消化、降气消炎。

黑莓叶（*Rubus villosus*）

这种常见的富含抗氧化剂的药草有很多治疗用途，包括治疗腹泻、喉咙痛、口腔溃疡和牙龈发炎，可杀灭引起溃疡的细菌。黑莓叶茶是一种传统的止咳药。

变色鸢尾（*Iris versicolor*）

[血液稀释治疗期]

小剂量的变色鸢尾是一种很好的解毒剂，可以促进肝脏的健康。它通常用于治疗湿疹和痤疮等皮肤疾病，同时有助于缓解压力、头痛、便秘和腹胀。

兰草（*Eupatorium perfoliatum*）

兰草的叶和花都可以用于治疗感冒、发烧和提高免疫力。它是一种特别有用的流感药物，因为它可以减少由流感引发的肌肉和骨头的疼痛。它还能起到通便的作用，有抗菌和止痛的功效，尤其有利于缓解偏头痛和肌肉痉挛与疼痛。

琉璃苣（*Borago officinalis*）

琉璃苣象征着勇气与力量。它通常被用于缓解压力，是一种多功能补品。琉璃苣还有助于缓解月经和绝经期产生的抑郁和易怒。

布枯叶（*Barosma betulina*）

布枯叶由于具有美味的黑醋栗味，而被用作天然的调味剂，但它同时也是一种天然的利尿剂（对尿道感染和膀胱炎有效）和抗炎药，可以用来缓解过度放纵后的不适、痛风、关节炎和风湿病。传统上，它也是一种促进身体健康的多功能补品。

牛蒡（*Arctium lappa*）

[对菊科植物过敏]

牛蒡是一种利尿和通便的药草，可促进泌尿系统和消化系统的健康，因此有助于解决痤疮和湿疹等皮肤问题。它已被成功地应用于血糖调节，同时它还有抗菌和抗炎的功效。

金盏花（*Calendula officinalis*）

金盏花属植物的花有多种用途，如缓解炎症和促进皮肤健康，以及治疗湿疹和痤疮。这种药草有促进淋巴系统的功能，所以在感染或水潴留后选用它是很好的。它还是一种有效的抗真菌药物，可用于治疗鹅口疮和其他真菌感染，并可作为口腔感染的漱口液。

葛缕子籽（*Carum carvi*）

这些美味且芳香的种子对消化系统特别有利，有助于缓解疝气（包括婴儿疝气）、肠胃胀气以及不适，还可以用于退烧、止咳和缓解疼痛。

小豆蔻（*Elettaria cardamomum*）

这种东方香料长期被用于治疗尿路感染、高胆固醇、消化不良、性欲低下和血液循环不良，它还可作为抗抑郁药使用。

假荆芥叶（*Nepeta cataria*）

假荆芥叶（也称为猫薄荷）传统上用于缓解发烧、普通感冒和流感症状，是可供儿童使用的安全有效的治疗性药草。它能促进消化系统的健康，用于治疗腹泻、呕吐和肠胃胀气。也用于头痛、压力症状、关节炎和月经不调的治疗。

辣椒粉（*Capsicum annuum*）

[血液稀释治疗期]

这种强劲的香料常用于解毒，促进血液循环和促消化。它已经被用于治疗发烧、喉咙痛、关节疼痛、普通感冒和流感，并可能有助于预防偏头痛。它还是一种抗过敏药，可以增强免疫力，缓解过敏症状。

芹菜籽（*Apium graveolens*）

在阿育吠陀医学中，芹菜籽被用于普通感冒、流感、肝瘀血及其相关疾病、关节炎和消化不良，而西方的药草医生则把它们当作处方药来治疗神经紊乱、炎症、关节炎和高血压。

这种药草在处方药中总是被用于痛风，因为它有助于分解导致关节疼痛的晶体沉积物。

洋甘菊（*Matricaria recutita*）

[对菊科植物过敏]

人们知道洋甘菊茶有舒缓作用，它还用于缓解失眠，减轻压力带来的影响，舒缓焦虑，促进健康消化（用于治疗腹泻和婴儿腹痛）。它还有助于缓解痛经和保持月经规律。一杯浓洋甘菊茶是治疗压力所致头痛的最有效方法之一。

圣洁莓（*Vitex agnus-castus*）

[雌激素敏感期]

这些小棕色浆果被广泛用于调节激素，治疗月经和绝经期症状，包括情绪波动、潮热、乳房触痛等。它还用于促进泌乳，并可治疗由多囊卵巢综合征（PCOS）引起的痤疮和毛发生长过度。

菊苣（*Cichorium intybus*）

[对菊科植物过敏]

这种药草用于促进消化，减轻由关节炎和其他炎症引起的疼痛，提高免疫力，抵抗细菌，促进心脏健康。它还用于解毒和保护肝脏与胆囊。

肉桂（*Cinnamomum zeylanicum*）

大量研究表明，这种香料在治疗血糖失衡、消化紊乱（包括腹泻和呕吐）和炎症（如关节炎）等方面很有用。同时它还有保护大脑的功效。

猪殃殃（*Galium aparine*）

[对菊科植物过敏]

猪殃殃作为一种天然的利尿剂，不仅能缓解水潴留症，还能起到解毒的作用，而且还有助于治疗尿路感染。一些研究表明，它能降血压和改善皮肤状况（如痤疮和牛皮癣等）。

丁香（*Syzygium aromaticum*）

丁香有着独特的风味，可用于治疗关节炎，还可作牙齿和牙龈疼痛的镇痛剂。在阿育吠陀医学中，它们被用于防治普通感冒与流感，利于排出肺部黏液，也有助于促进消化。

香菜籽（*Coriandrum sativum*）

香菜不仅是一种烹饪香料，它的种子还有助于促消化、促进肝脏健康、调节血糖水平、抗菌和身体排毒。它们还用于眼病和结膜炎等。

玉米须（*Zea mays*）

美国的印第安人饮用玉米须茶已经上千年了，如今它通常被用作一种舒缓的利尿剂和用于治疗尿路感染，既能治疗炎症又能杀灭细菌。它还能在一定程度上降血压，维护健康的血液循环。

茅草（*Agropyron repens*）

茅草是一种天然的利尿剂和抗生素，是治疗泌尿系统疾病的理想药物。它有助于缓解和治疗喉咙痛，可作清除呼吸道黏液的祛痰剂。还能作为解毒剂起到保护肾脏和肝脏的作用。

痉挛树皮（*Viburnum opulus*）

顾名思义，这种草本植物通常用于治疗痉挛，它对全身痉挛都是有效的，但对痛经尤其有效。它还被用于治疗偏头痛、头痛、轻度哮喘和肠易激综合症（IBS），并能保护心脏健康，有助于调节血压。

达米阿那叶（*Turnera diffusa*）

这种墨西哥药草已经在性欲低下和助消化的治疗中使用了几百年，对治疗便秘尤其有效。作为一种补药，它通过改善体内含氧血液的流动来提高人体活力。它具有轻微的刺激性，从而成为了有效的活力激发器。

蒲公英（*Taraxacum officinale*）

[对菊科植物过敏]

这些常见草本植物（而非杂草）的叶和根常被用于治疗许多疾病，包括肝功能低下、便秘、皮肤问题、体重骤降、尿道疾病和血糖失衡（包括糖尿病）。蒲公英叶是一种天然的强劲利尿剂，可用于减少体内水的滞留量。它对肝脏、肠道和泌尿系统都有影响，因此是一种有效的排毒剂。

钩果草（*Harpagophytum procumbens*）

[心功能异常者]

钩果草是一种强劲的止痛药和抗炎药，被广泛用于缓解关节炎和关节、腰部、膝盖、臀部和肌肉的疼痛症状。它还被用于缓解消化不良，刺激食欲和退烧。

莳萝籽（*Anethum graveolens*）

这种在花园里常见的香郁药草籽能带来很多益处——促进消化和缓解消化不良、失眠、经期问题和呼吸疾病症状。它还有助于调节血糖和提高免疫力。

紫锥花（*Echinacea angustifolia/purpurea*）

[对菊科植物过敏]

紫锥菊的花和根均可入药，它们的主要作用是刺激免疫系统以抵御感染。如果初发病时服用紫锥菊，普通感冒、流感和其他病毒会受激产生反应。一些证据表明，它可促进伤口愈合，减少皮肤病和关节炎所引发的炎症。

接骨木果（*Sambucus nigra*）

许多研究表明，这种富含抗氧化剂的美味接骨木果是可供我们使用的最有效的抗病毒物质之一。除了防治病毒感染，这些浆果还有利于眼睛和心脏的健康，增强免疫力。它们还被用于治疗花粉热和其他过敏性疾病。

接骨木花（*Sambucus nigra*）

接骨木花有很多的益处，并以其抗炎特性而闻名。它通常用于呼吸疾病，如普通感冒、流感、咳嗽和鼻窦炎，它的抗菌和抗病毒特性使它成为治疗过敏症和增强免疫系统的理想药物。

土木香（*Inula helenium*）

[对菊科植物过敏]

土木香是一种被广泛使用了上千年的药草，主要以其对呼吸系统的影响而闻名，它有助于缓解哮喘、咳嗽、普通感冒和肺部感染。它还能全面促进消化系统的健康，同时，它含有的益生菌类物质，可以很好地调节消化菌群。

小米草（*Euphrasia officinalis*）

这种药草长期以来被用于治疗眼部问题，并能促进眼睛的整体健康。它还有保护呼吸系统的作用，缓解花粉热、哮喘、炎症和感染等呼吸问题。

茴香籽（*Foeniculum vulgare*）

这些小种子具有独特的甘草味，在减少消化胀气和腹胀等方面有强大的作用。它们还作为止咳药来治疗喉咙痛。它们对哺乳期女性来说是很好的选择，因为它们有助于提高泌乳量，而且通过哺乳可温和地缓解婴儿的腹绞痛。

胡芦巴（*Trigonella foenum-graecum*）

这些形状奇特的小种子作为印度菜肴中的一种重要的调味料而闻名，可以安全有效地提高泌乳量。葫芦巴还可作为喉咙痛的漱口水，且能用于支气管炎。

小白菊（*Tanacetum parthenium*）

[对菊科植物过敏]

小白菊的叶和类似雏菊的花都被广泛用于防治偏头痛和头痛。小白菊还用于治疗与头部相关的炎症，如耳鸣和眩晕。

玄参（*Scrophularia nodosa*）

[心跳加速（心动过速）]

玄参因其类似无花果的微小果实而得名，大多为野生。它的叶和茎被用于解决瘙痒和毛囊堵塞问题，以及协助肾脏和消化系统进行排毒。

生姜（*Zingiber officinale*）

温和芳香的生姜可以刺激消化系统，促进消化。它的抗菌特性使其成为治疗普通感冒和流感的有效药草，并且有发汗的作用。传统上，生姜还有壮阳作用。

银杏叶（*Gingko biloba*）

[血液稀释治疗期]

这种古老树种的叶子通过促进血液循环来增强记忆力和提升活力。它对静脉血液系统的刺激作用也可使那些由于血液循环不良而导致下肢疼痛或虚弱的人受益。

山羊豆（*Galega officinalis*）

山羊豆的豌豆般粉红的花朵在夏季的草地上较为常见。它很受糖尿病患者和血糖水平不稳人群的欢迎，因为研究表明它可以帮助调节血糖。它还可用于提高泌乳量。

秋麒麟草（*Solidago virgaurea*）

[对菊科植物过敏]

这是由普通感冒或花粉热引起黏膜炎和鼻塞以及任何患有鼻窦炎的病人的首选药草。这种药草浸液还能用作有效的漱口水，用于治疗咽喉炎。作为一种利尿剂和尿道杀菌剂，它还被用于减轻膀胱炎和泌尿系统感染所带来的症状。

雷公根（*Centella asiatica*）

这种药草已在中国和印度使用了数千年，用于治疗静脉曲张，提高记忆力和思维清晰度。作为一种适应原性药草，它还有助于减缓解焦虑和减轻压力对身体的影响。外用时可促进伤口愈合和防止感染。

山楂（*Crataegus laevigata*）

[心脏和血压异常用的药期]

山楂树（蔷薇科）的叶、花以及果实，均被用于保护心脏和心血管系统。研究表明，它可以通过增强动脉壁来降低血压，而且经常使用可以更有效地保护心脏功能。研究植物“动力学”（植物在精神上和身体上的双重作用）的药草师会用它们来帮助悲痛中的人们渡过难关。

三色堇（*Viola tricolor*）

野生三色堇漂亮的花和叶皆可入药，可用作咳嗽和支气管炎的抗炎祛痰剂。它还可用于湿疹和其他皮肤问题，以及膀胱炎和其他膀胱感染。

芙蓉花（*Hibiscus rosa-sinensis*）

芙蓉花是维生素C的极好来源，不仅能呈现出鲜艳的红宝石色，而且还能让人感受到清新的酸果味，并且在中东地区历来被用于治疗普通感冒和流感。伊朗的几项研究表明，它们可能有助于稳定血压。

蛇麻花（*Humulus lupulus*）

[抗抑郁药用药期]

蛇麻花又称“啤酒花”，其雌花因可作调味料和啤酒。它是一种能促进深度睡眠、缓解极度焦虑的强效镇静剂，可以制成茶，也可当药草放入枕头中来促进睡眠。妇女还把它们用作壮阳之物。传统上，避免给抑郁症患者使用。

马尾草（*Equisetum arvense*）

[久服；酗酒]

马尾草（其茎似洗瓶刷）是最古老的植物之一，曾是恐龙的食物来源。它是一种用于治疗膀胱炎的有效利尿剂，正得益于此功效，它还被用于治疗尿失禁和前列腺肿大。

牛膝草（*Hyssopus officinalis*）

这种芬芳药草的精油可以减少痉挛，尤其是由咳嗽和肺部疾病引起的痉挛。它对感冒和其他呼吸道感染有功效，并且由于具有镇静和放松的特性，使其成为一种治疗儿童感染冬季病毒后的安全有效的药物。

牙买加山茱萸（*Piscidia erythrina*）

牙买加山茱萸是一种强效的肌肉松弛剂，可用于减轻痛经和肠胃痉挛，然而最好小剂量使用。当因神经紧张和疼痛造成失眠时，它能与镇静药草相辅相成，从而促进深度睡眠。（这种药草对鱼是有毒的，所以应该远离鱼群）

茉莉花（*Jasminum officinale*）

茉莉花因其令人陶醉的芳香，长久以来一直与爱意和激情联系在一起。这种香甜的气味为神经系统的芳香疗法带来许多益处，包括振奋精神、平复心情和促进放松。

斗篷草（*Alchemilla mollis*）

在夏天清晨，没有什么比在斗篷草嫩绿叶片的皱褶里托着的银色露珠更漂亮的了。斗篷草与子宫有特殊的亲和力，有助于减少经血过多和缓解经期疼痛。它在漱口水中的收敛性有利于治疗口腔溃疡，也用于喉咙疼痛和发炎。

薰衣草（*Lavandula angustifolia*）

没有什么比薰衣草芬芳的紫色穗状花序更能代表夏天的了。薰衣草因其镇定神经系统的作用而闻名。加入少量浸出液即可有助于放松大脑，改善睡眠，减少肌肉紧张及痉挛。

柠檬香蜂草（*Melissa officinalis*）

柠檬香蜂草虽然看起来像薄荷，但它独特的柑橘香味是不容混淆的。它不仅能制成美味的茶，而且在振奋情绪和缓解压力与紧张感方面是无可比拟的。研究表明，这种药草可能有助于保护老年人的记忆力，由于其抗病毒的特性，还使它成为一种在冬季病毒侵袭时的理想药草。

柠檬马鞭草（*Lippia citriodora*）

这种药草因其独特的柠檬味，使其在夏天喝的时候清凉又提神。它以振奋精神和促进宁静深度的睡眠而著称。

柠檬草（*Cymbopogon citratus*）

这种药草作为泰式料理的主要用料之一，在印度也被广泛用于治疗咳嗽和缓解鼻塞。在西方国家，它常被用于治疗高血压、关节疼痛、发烧、消化不良和呕吐。

椴树花（*Tilia × europaea*）

椴树花又称“酸橙花”（尽管该植物不属于柑橘属），有着不可磨灭的药用价值。用椴树花制成的茶可用于治疗发烧，且适合儿童和成人——即使是最麻烦的孩子，其镇静和放松的作用都能安抚他们。它还是促进血液循环系统的滋补剂，可用来降低血液胆固醇水平和调节血压。

甘草（*Glycyrrhiza glabra*）

[高血压和肾脏疾病期间及雌激素敏感期]

甘草因具有甜味和多种药用价值，上千年来备受推崇。它可以清除余痰以减轻咳嗽和缓解酸痛，同时因其具有抗病毒特性而可抵御病毒。作为一种有效的抗炎药草，甘草还可以缓解消化炎症及其他炎症。它作为含有植物雌激素的豆科植物，还有助于防治许多更年期症状。

药蜀葵（*Althaea officinalis*）

药蜀葵的根和叶在冷浸液中都有高效舒缓的作用。它的叶和根可以交替使用，在传统上，根被用于缓解消化系统炎症和泌尿道感染，而叶用于治疗喉咙痛、咳嗽和胸部感染。

绣线菊（*Filipendula ulmaria*）

[对阿斯匹林过敏]

绣线菊浸出液的青草香气可唤起我们躺在夏天草地上的感觉。它是治疗胃灼热和胃酸过多的当之无愧的药草。它还富含具有抗炎作用的水杨酸盐，这也是阿司匹林中的活性成分（它的英文名字就是来自于绣线菊古老的植物名——Spirea），因此它在用于关节炎和减轻炎症以及疼痛方面是有效的。

奶蓟（*Carduus marianus*）

[对菊科植物过敏；雌激素敏感期]

这种惹人喜爱的小而硬的菊科植物的种子在使用前需要磨碎或捣碎。大量研究证实，它们有保护肝脏和解毒的作用，且能加快肝细胞的再生速率，从而增强肝脏功能。该植物叶片上的白色条纹曾被认为是其他主要功效的重要来源，即能增加泌乳量。

益母草（*Leonorus cardiaca*）

[患有心脏病者，除非是在医生的监督下使用]

在民间医学中，这种草药传统上被用来宽慰母亲和幼儿。它是一种缓解焦虑和紧张的有效且温和的药草，尤其是对更年期等生理多变时期的女性。它还被认为是心脏的补品且经常用于神经疾病（而非心脏病）引起的心悸。

艾蒿（*Artemisia vulgaris*）

[对菊科植物过敏]

艾蒿属于蒿属植物，因此有苦味和芳香。它因有苦味而能刺激食欲和促进消化，帮助身体从食物中获取最大量的营养，并能缓解过度放纵后产生的不适。这种草药与抵抗力和安睡有着传统的关联。它还被用来挂在门上或在睡前服用以促进睡眠。

荨麻叶（*Urtica dioica*）

荨麻叶是一种能高效地从土壤中汲取营养素而富含矿物质的高效“进料器”，这使得它们成为哺乳期女性和康复期人群的不二选择。它的抗组胺药成分有助于减轻花粉热和季节性过敏引发的症状及不适，而其排毒作用能缓解湿疹等皮肤瘙痒症状。

燕麦（*Avena sativa*）

燕麦的乳白色种子在早餐粥中更广为人知，然而它也是一种有效用的药草。鉴于它能强化整个神经系统功能，因而不仅有助于病后快速恢复、缓解疲劳，还有助于在紧张和焦虑期间平复心情。

牛至（*Origanum vulgare*）

这种植物叶片又称“墨角兰”，因香气十足而被广泛用于增强调味汁和炖汤汁的风味。牛至是漱口水中的一种有效防腐剂，可以缓解咳嗽和头痛。其精油具有抗真菌的特性，因此成为一种抗念珠菌感染以及治癣菌和乳痂的有用药草。

俄勒冈葡萄根（*Berberis aquifolium*）

这种药草具有强大的抗菌性能，有时被称为天然抗生素，其作为口腔和咽喉感染的含漱剂，或作为外用的抗菌剂都非常适合。它广泛用于治疗痤疮和牛皮癣等皮肤病，其疗效是基于对肝胆功能的强化和保护作用。它还是一种很好的可偶尔使用的温和通便药。

欧芹（*Petroselinum crispum*）

无论是卷曲的还是平展的欧芹叶都是有效的利尿剂，有助于排除体内多余的水分。此外，其新鲜的叶片中富含维生素C，饭后嚼一点欧芹还可清新口气，减轻腹胀。

西番莲（*Passiflora incarnata*）

这种美丽且奇异的花具有催眠的特性，且它已被用于治疗失眠和促进更好的睡眠。小剂量的饮用可以减轻白天的焦虑和紧张，在传统上它被用于治疗癔症和癫痫。它还被广泛用于治疗神经疼痛和哮喘。

薄荷（*Mentha × piperita*）

清凉爽口的薄荷可制成完美的餐后茶，有助于缓解消化不良和促进消化。它对减少胀气极为有利，并有助于治疗如溃疡性结肠炎这类较严重的消化系统疾病。它含有薄荷醇，加入热茶中能缓解因感冒和鼻窦炎引起的鼻塞。薄荷还有助于缓解由晕动症产生的恶心和呕吐。

车前草（*Plantago lanceolata*）

这种不起眼的绿叶植物很常见。它是植物黏液（含减轻组织发炎的变性淀粉）的很好来源，特别是用于咽喉、肺部和消化系统。同时，它有助于治疗花粉热和鼻塞，还用于缓解胃部不适或食物中毒后的不适。

树莓叶（*Rubus idaeus*）

[直到妊娠后期]

树莓不仅能提供美味的浆果，其叶片还有调理子宫的作用。助产师会建议在怀孕后期服用树莓叶茶以强化子宫收缩，为分娩做好准备。树莓叶还有助于产后增强子宫张力。

红三叶草（*Trifolium pratense*）

[雌激素敏感期]

传统中医认为红三叶草是血液清

洁剂，其花和叶在治疗各种慢性皮肤病方面是安全有效的，尤其是用于儿童湿疹。红三叶草中的雌激素类化合物可能有助于减轻更年期症状。

红景天（*Rhodiola rosea*）

红景天因具有焕发活力和减轻高原反应的能力而闻名。一些研究显示，它也可以缓解轻度和中度抑郁症。这种抗压良药有助于身体抵抗长时间激素不平衡对身体产生的长期影响。

大黄根（*Rheum palmatum*）

这种药草有时被称为“土耳其大黄”，但不要与食用大黄混淆，后者的根是有毒的。它是一种有效的通便药，用于治疗便秘，尤其是在晚上服用效果最好。（在饮用大黄根和痉挛树皮制成的茶后，伴随着排便，任何疼痛都能被缓解）

路易波士（*Aspalathus linearis*）

这种口感浓厚的南非药草是一种很好的脱咖啡因的红茶替代品。它富含抗氧化物，可以保护心脏健康，并可预防癌症和其他严重疾病。它也是矿物质的一种重要来源，有助于保持骨骼强度和预防糖尿病。

玫瑰天竺葵叶（*Pelargonium graveolens*）

花园中芳香的天竺葵令人愉悦。它们有多种香味，如桂皮香、古龙水香、巧克力薄荷香。其中最受欢迎的是玫瑰天竺葵，它有一种可以振奋人心的醇厚香气。所有天竺葵都有涩味，可有助于缓解消化不良和慢性腹泻。

玫瑰花瓣（*Rosa damascena*）

虽然玫瑰花瓣的药性仅限于有轻微的收敛性，对反胃和喉咙痛有功效。但在人悲伤的时候，它由于能振奋精神、缓解轻度抑郁和抚慰心灵而被广泛推崇。而且玫瑰也被普遍认为是爱情和浪漫的象征。

蔷薇果（*Rosa canina*）

野生玫瑰美丽且鲜红的浆果一直被认为是维生素C的极好来源。冬季当植物稀缺时，用干浆果制成的茶和汤是一种很有营养的食物。最近的研究表明，其浆果也可能具有强大的抗炎作用，特别是在减轻关节炎引发的疼痛和肿胀方面。

迷迭香（*Rosmarinus officinalis*）

[患有高血压者]

迷迭香经常被用来改善记忆力和提高活力。它能增强体内的血液循环，增加大脑中的含氧量，减轻因血液循环不良而引起的头痛。

鼠尾草（*Salvia officinalis*）

[雌激素敏感期]

鼠尾草浸液是一种非常好的治疗喉咙痛的漱口水，有助于抗感染和缓解膜肿胀。它还被用于牙齿和牙龈问题以及口腔溃疡。冷饮鼠尾草是一种非常有效的减少出汗的方法，还是更年期潮热和紧张易出汗人群的理想选择。鼠尾草会减少泌乳量，所以不适合在母乳喂养期使用，但在断奶的时候会有所帮助。

菝葜（*Smilax ornata*）

在治疗如瘙痒湿疹和牛皮癣皮肤病时，菝葜是一种重要的药草，它有改善体内血液循环和帮助身体排毒的能力。它也用于风湿性关节炎和其他风湿性疾病。

五味子（*Schisandra chinensis*）

作为中药的一个重要组成部分，这种适应原性浆果已经使用了数千年，可用于延长寿命、延缓衰老、提升活力，并作为增强性欲的补充剂。由于有显著的抗氧化和抗炎作用，它还用于增强体质，以及混合使用来调整情绪。

芦笋草（*Asparagus racemosus*）

芦笋草主要被用作女性药草。它的名字原意是“有一百个丈夫的女人”，意指这种药草在女性整个生殖生活中对激素调节的强大作用。这种药草最常用于提高生育力，在更年期可发挥重要作用，有助于控制潮热等症状。

西伯利亚人参（*Eleutherococcus senticosus*）

[患有高血压者]

西伯利亚人参是最著名的适应原之一，它能提高能量水平、缓解疲劳、减轻压力对身体造成的影响。俄罗斯宇航员用它来增强体力，研究表明它可能有助于治疗时差反应和减轻高原反应。

美黄芩（*Scutellaria laterifolia*）

美黄芩在用于缓解焦虑和支持神经系统上是安全有效的。它能使人平静，所以在有压力的情况下尤其有用，比如在演讲和考试等情况下，保持头脑清晰尤为重要。美黄芩有助于缓解紧张性头痛，同时由于能减少扰乱宁静睡眠的焦虑感，所以加入茶中促睡眠是很好的方式。

榆树（*Ulmus fulva*）

榆树的干内皮通常以粉末出售。它对消化系统的调节和愈合作用很好，广泛用于消化不良和黏膜受损产生的症状，如肠易激综合征（IBS）、腹泻、咳嗽、尿路感染和喉咙痛。

绿薄荷（*Mentha spicata*）

绿薄荷的使用方法同薄荷一样，作用是可以使人冷静、调节肠胃、减少恶心和改善消化，以及治疗肠易激综合征（IBS）和胆囊炎症。它还可用于喉咙痛、感冒、头痛和缓解其他疼痛。它的味道比薄荷味更鲜，但没那么辣，因此可成为添加到花草茶中的美味药草。

圣约翰草（*Hypericum perforatum*）

[尤其在服用抗抑郁药和口服避孕药时期]

大量研究表明，这种药草在轻度和中度抑郁症的治疗中起重要作用。它的效果不是立竿见影的，需要持续使用几个星期才能开始感受到它所带来的变化。圣约翰草对治疗季节性情绪失调（SAD）特别有用，尤其是在与光疗法一起使用的时候。它对控制更年期的情绪波动非常有益。这种药草可用于治疗儿童因焦虑和压力而导致的尿床。不太知名的是其抗病毒效用——可内外兼用于治疗水痘和带状疱疹等病毒感染。用药期使用之前应先咨询医生或药剂师，因为这种药草对肝脏有刺激作用，可能会降低药效。

八角茴香（*Illicium verum*）

八角茴香在花草茶中具有一种吸引力和不寻常的装饰作用，且其茴香味也给茶增添了甜味。它是我国传统上用来治疗咳嗽、感冒、胀气和增加食欲，甚至壮阳。它也被用于减轻分娩时的痛苦。

百里香（*Thymus vulgaris*）

百里香是一种抗微生物的极好药草，可以用于喉咙疼痛和用在口腔感染的漱口剂中。它还是一种有效的祛痰剂，有助于排除咳嗽和胸部感染中的黏液。

图尔西（*Ocimum sanctum*）

这种药草也被称为“圣罗勒”，在印度被认为是神圣的，且被广泛种植和使用。它有多种益处，从调节血糖到降血压等。它还可用于治疗咳嗽和感冒，以及减轻压力和焦虑。

姜黄（*Curcuma longa*）

[血液稀释药物用药期]

大量研究证实了这种亮黄色香料的抗炎作用。实验表明，它能减轻关节炎和运动损伤所带来的疼痛和炎症，以及其他常见炎症。姜黄还能很好地增强肝功能，并已被用于调节血液中的胆固醇水平。作为一种强效的抗氧化剂，它可能有助于防治癌症。

马鞭草（*Verbena officinalis*）

冰冷且微苦的马鞭草主要用于治疗神经系统疾病。它有助于减轻压力和放松紧绷的肌肉。它在失眠疗法中也是有用的，因为在传统上它被认为能够驱除噩梦，确保安稳睡眠。从事“动力学”研究的草药师认为，在当一个人遇到人生“困境”，需要得到帮助来转入下一阶段时，马鞭草能发挥重要作用。

紫罗兰（*Viola odorata*）

芳香馥郁的紫罗兰花是春天的宠儿——一个装满紫罗兰的小花瓶能使整个房间充满香气。这些花本为药用，但由于它们太小，所以主要还是采叶子作药用。

薯蓣（*Dioscorea villosa*）

[雌激素敏感期]

薯蓣是一种具有止痛特性的粉状抗炎药，可用于治疗各种关节病，特别是类风湿性关节炎。它与体内炎症、痉挛（如周期性疼痛、绞痛和肠痉挛）有着特殊的亲和力。这种药草还是避孕药的原料来源，可调节激素。

柳皮（*Salix abla/nigra*）

[阿斯匹林过敏者]

像绣线菊一样，柳皮也含有水杨酸及抗炎和止痛成分阿司匹林。它是治疗全身炎症和疼痛的常用草药，尤其是用于治疗关节炎和结缔组织疾病。药草中单宁含量高，有助于保护胃壁，但可被传统阿司匹林破坏。

水苏（*Stachys betonica*）

水苏是治疗头痛和神经病（尤其是面部疼痛）最好的草药之一。据说它有一种特殊效应，可使其用于冥想和缓解焦虑与压力。

蓍草（*Achillea millefolium*）

一度作为“兵伤液”而闻名，蓍草是一种非常好的止痛药（它可用于伤口止血），并可外敷使用，以减少咬伤和蜇伤的危害。它可以通过促进血液流向皮肤而帮助缓解高血压症状和促进排汗，并有助于治疗感冒和发烧。它还是一种抗生素，可杀死导致泌尿系统和其他部位感染的细菌。

皱叶酸模根（*Rumex crispus*）

皱叶酸模是一种有效但相对温和的泻药，对偶发性便秘有促进肠道蠕动的功能。因为可促进排泄，其对肝脏和胆囊也有刺激作用，还被广泛用于治疗湿疹、银屑病和痤疮等皮肤病。

提示

从正规药店购买药草尤为重要，而且在使用药草前，要咨询执业药师。

本书中所用药草都是安全的，除非它们与您可能存在的健康问题或正在服用的药物之间有使用禁忌。

如果有疑问，也请咨询执业药师。

索引

幸福快乐茶

星辰茶品

后记

在做茶学博士后研究期间，我开始与花草茶有了真正意义上的触碰与交流，并对各种花草茶的芳香和精美充满向往。后来有机会到美国访学，我开始接触到西方的花草茶，对她们的精致调茶产生浓厚兴趣，同时希望把这种人与自然交流的方式推广到国内。说来也巧，一天午后，中国轻工业出版社的贾磊编辑向我推荐了这本花草茶的书，请我帮忙审评引入境内出版的可行性，结果不言而喻。

初读此书，便被书中色彩鲜艳、鲜活的药草植物和漂亮、精美的茶器深深吸引住了，禁不住继续深读。

对于忙碌于工作和家庭的我们，只有在夜深以后才有时间泡上一壶清茶，给自己空间，梳理心情。阅读和翻译该书让我对具有神奇功效的花草茶的调饮方式产生了更深入的理解。无论是在充溢着各种芬芳的草药店选购药草，还是与家人一同在野外找寻、搜集药草以享受亲子时光，或是干脆自己种植药草、玩弄盆栽，不都是一件惬意、美好的事情吗？将自己调制的花草茶饮原料，用漂亮的盒子装起来，贴上标签，写明组分名称和详尽的使用方法，是一种内心情感交流的方式。

本书采用图文并茂的方式展示了不同功效花草茶饮的材料搭配和调制工序，图片精美雅致，引人入胜，充分利用色泽调动读者的味蕾和嗅感；书中所使用的花草茶饮原料和器具很方便获取，调制工序简单易上手，饮品色美、香馥、味佳；书后附上了调制花草茶常用的药草清单，并对其常见功效和使用禁忌做了简要概括，很方便查找选用。总体来说，这是一本调制花草茶饮的鉴赏书、指导书、工具书，甚至从某种角度来说，可以看做是一件难得的艺术品。

按照书中介绍调制精美茶饮是一件很轻松、愉悦的事情，书的翻译过程也是充满了快乐，虽如此，但在翻译过程中还是查阅了大量的文献，尽可能确认书中所选用的药草。

本书的翻译得到了吴致君博士、陈利女士的帮助，译稿完成后，贾磊编辑帮助统校了译稿、更正错误和调整文风，在此一并表示感谢。

愿你读过此书后，能感受到来自花草茶的魅力，开始愉悦的饮茶之旅。

译者 曾亮

图书在版编目（CIP）数据

邂逅花草茶／（英）宝拉·格兰杰（Paula Grainger），（英）凯伦·莎莉文（Karen Sullivan）著；曾亮译. —北京：中国轻工业出版社，2018.11

ISBN 978-7-5184-2124-4

Ⅰ. ①邂… Ⅱ. ①宝… ②凯… ③曾… Ⅲ. ①茶谱 Ⅳ. ①TS272.5

中国版本图书馆 CIP 数据核字（2018）第 222083 号

责任编辑：贾　磊　　责任终审：劳国强　　封面设计：锋尚设计

版式设计：锋尚设计　　责任校对：吴大鹏　　责任监印：张　可

出版发行：中国轻工业出版社（北京东长安街6号，邮编：100740）

印　　刷：北京富诚彩色印刷有限公司

经　　销：各地新华书店

版　　次：2018年11月第1版第1次印刷

开　　本：787×1092　1/16　印张：9

字　　数：100千字

书　　号：ISBN 978-7-5184-2124-4　定价：58.00元

邮购电话：010-65241695

发行电话：010-85119835　传真：85113293

网　　址：http://www.chlip.com.cn

Email：club@chlip.com.cn

如发现图书残缺请与我社邮购联系调换

171489S1X101ZYW